上海校园
绿化养护技术规程

主　编：成冠润

副主编：唐维克　佘培勤　马　骏　李明杰

东华大学出版社

上海

序 一

　　上海市学校后勤协会校园管理专业委员会经过两年多的努力,写成了这本《上海校园绿化养护技术规程》。该书从上海和江南地区校园绿化管理的现实需要出发,查询了数十年来上海市的相关资料,结合上海高校绿化养护实际操作经验,根据《上海市绿化条例》的要求,按月份顺序对14类校园绿化管理的内容和基础操作规程进行了梳理,并对上海和江南地区125所校园常见病虫害(以北纬30°~35°范围主要绿植种类为观察物)的性状、发生时间、防治办法作了详细说明和图解。

　　本书以月历为序,简要标明当月气温、降水的平均值,以简洁明了的图表形式将绿化中养护、管理、防治等项归纳分类开列;对主要病虫害提供实景清晰图片;附上《上海市绿化条例》等主要依据条例和规程。整书规范性、工具性很强,查阅对照、依时而行都十分方便,工作标准、检查监督也有依有据,是一本工作标准和规范方面的益书,将对上海及江南地区大中小学校绿化养护管理起到实际指导作用,并可成为校园绿化养护管理工作人员的工具书,同时也成为校园绿化管理社会化条件下对社会企业规范性要求的重要文本。目前,由学校后勤行业组织牵头编写这类以技术操作规程为主要内容的书籍,在全国教育系统还是首创。

　　中国教育后勤协会作为全国各级各类学校后勤的行业组织,高度重视行业内生产、产品、服务等方面工作的质量标准、技术标准、工作流程、业务指南和管理规范等的制定与执行,强调因时因地,针对不同年龄、性别、民族、宗教习俗等服务对象制定有区别的专项技术质量标准和操作流程规范,以确保安全和服务质量,方便政府和受服务对象的监督评估。编制流程、标准和规范,是一项需要多方确认、协调创新的工作,技术性、实践性都很强,甚至还有很多理论与认识上的问题,十分复杂;建设一系列完备的行业标准和规范还需付出很多的努力,还有很长的路要走。上海市学校后勤协会在上海校园绿化养护方面做出了突破。尽管这本书还比较简单，涉及到的乔木、灌木、花卉、草苔品种以大宗为主，有些品种尚未涉及，效果及预期有待补充等，但这一突破还是非常值得赞赏的，组织者、写作者确实做了一件有益的工作。

我衷心期望，本系统其他行业组织及分支机构以自己熟悉的工作范围为对象，组织专家、实际工作者、受服务对象等方面的同志共同研究，也参照业外同行的做法与规范标准，制定或完善已有的行业工作标准，并把它作为一个过程，经过几个实践，几轮修改，最后拿出一套技术规范或质量标准来。这将使我们工作的标准化、规范化和质量水平极大提升。我们就能更好地为师生、员工，为社会服务，人民群众也会更满意更欢迎我们的服务。我们的后勤保障、服务社会的工作也就更加华彩，更有意义。

是为序。

中国教育后勤协会会长

序 二

　　为科学指导上海学校校园绿化工作，提高校园生态环境建设及管理水平，营造和维护良好的校园绿色生态人文环境，经过两年多认真扎实的工作，上海市学校后勤协会校园管理专业委员会完成了《上海校园绿化养护技术规程》（下简称《绿化规程》）一书的编写工作。该书突出绿色生态文明，坚持以人为本，贯通人文，因地制宜，经济适用，生态环保，环境育人，从上海和江南地区校园绿化管理的实际出发，研究借鉴了上海地区数十年来的相关资料，总结吸纳了上海高校绿化养护实际操作经验，根据《上海市绿化条例》的要求，将每年 12 个月按 14 类管理内容进行基础操作规程要求，并对上海和江南地区校园绿化常见病虫害的性状、发生时间、防治办法等作了详细说明和图解，简明生动、直观专业，不仅将对上海及江南地区大中小学校校园生态环境建设、绿化养护管理起到实际指导作用，成为校园绿化养护工作者的操作手册和工具书，同时也可作为校园绿化管理社会化过程中对社会企业的规范性要求。

　　党的"十八大"强调提出要建设美丽中国，把生态文明建设融入经济建设、政治建设、文化建设、社会建设各个方面和全过程，形成"五位一体"的总体布局，充分体现了生态文明建设的突出地位。美丽中国是环境之美、社会之美、生活之美、家园之美，对教育系统来说首先就是校园之美。学校是传承文明、教化人文之所，也是广大师生的精神家园。建设美丽中国，首先要建设好绿色生态文明的美丽校园。要通过尊重自然、顺应自然、保护自然的生态文明理念，在校园绿化美化建设管理中，敬畏自然，和谐生态，尊重规律，遵守规程，推广技术，科学造园，努力营造春有花，夏有荫，秋有果，冬有绿，花草树园楼与人相得益彰，整体和谐，清新自然，优美宜人，洋溢艺术美、自然美和意境美的优雅校园环境。春天鲜花烂漫，夏天浓荫匝地，秋天丹桂飘香、层林尽染，冬天绿意盎然、寒梅傲雪。体现春华秋实的校园精神，潜移默化，随风入心，充分发挥后勤系统管理育人、服务育人、环境育人、建园树人的重要作用。

《绿化规程》作为全国教育系统校园管理领域第一本以系统全面介绍区域园林绿化养护实际操作技术为主要内容的专业性书籍，具有首创和领先的意义。一花独放不是春，百花齐放春满园。希望全国及地方教育后勤行业组织和学校后勤管理领域，有更多的管理者和从业者，及时总结管理操作经验，下功夫、花力气将之归纳集萃提升为行业管理的专业技术手册和操作规程，进一步推进教育后勤管理工作的科学化、制度化、专业化、规范化、标准化，在建设美丽中国的伟大进程中，首先建设好美丽校园，共同营造教育后勤领域姹紫嫣红和生机盎然的明媚春天。

教育部发展规划司副巡视员 

前 言

当你走进百年名校，古树名木参天，树影婆娑，亭榭之中，学生们静静自习；当你走进中小学校园，青青的草坪上，红领巾映着碧水蓝天，书声琅琅，充满着大自然的气息。绿化，在校园这个特殊的环境中，更体现着教书育人的氛围、人文情怀和文化积淀。

在上海市教育委员会的关心下，上海市教育系统出现了数十家花园式单位，绿化水平进入到新的高度。根据市教委"十二五"规划，"十二五"期间教育系统将新建绿化面积 197.05 公顷（其中普教系统 27.25 公顷），改造绿化面积 248.57 公顷（其中普教系统 88.57 公顷）。高教系统校园的绿化覆盖率达到 41.26%，普教系统达到 33.40%。新增屋顶绿化面积 8.95 公顷（其中普教系统 6.25 公顷），新增其他立体绿化面积 10.41 公顷（其中普教系统 4.22 公顷）。

上海现有 68 所高校，近 2000 所中小学幼儿园，学生人数在 240 万以上。创造一个良好的校园环境，让学生们在优美的绿化环境中学习成长，是政府和学校，也是学校后勤人的事业追求和工作目标。他们用心血和汗水把校园建设成教书育人的优良生态环境。

自 1998 年以来，随着高校后勤社会化改革的深入发展和大中小学跨越式发展，社会对校园绿化环境提出了更高的要求。随着市场化经营的发展，校园绿化养护外包服务迅速扩大。学校自行管理的校园绿化随着专业人才结构的变化，出现了管理人才、技术人才青黄不接的状况，迫切需要建立校园绿化行业的操作规范和技术指标。近年来，在市教委和市绿化委的支持下，协会积极配合政府，先后颁布了《上海高校校园绿化建设和管理导则（试行）》《上海市普教系统校园绿化建设管理导则》，为建立校园绿化行业管理标准做出了重要导向。为了进一步贯彻落实《上海市绿化条例》和"两个导则"，上海市学校后勤协会校园管理专业委员会经过两年多的辛勤工作，按照上海市地处北纬 35° 左右的气候特点，按一年四季 12 个月的顺序，14 大类的内容，编写了《上海校园绿化养护技术规程》，列举了 190 余种常见乔灌木、草坪、花卉，并对 130 余种常见病虫害的发生时间、防治办法，作了详细的说明。我们相信本书将为上海学校园林绿化管理人员、技术人员提供精确、实用的技术指导，并为校园绿化外包提供考核标准。

本书由上海园林设计院总工程师范善华、上海园林科研所总工程师李跃忠、上海绿化指导站原站长赵锡惟、上海市绿化指导站高级工程师朱春刚四位专家参与评审，尤其是范善华先生自始自终对本书编辑给予关心和帮助，在此一并表示感谢！

中国教育后勤协会会长程天权先生、教育部发展规划司副巡视员葛华女士百忙中为本书作序，表示感谢！

随着校园绿化、屋顶绿化、立体绿化的不断发展，上海校园绿化面临新的要求和挑战，我们希望上海广大校园绿化的管理者和技术人员，在市教委的领导下，充分发挥协会的平台作用，创建更多的绿色校园、花园校园，为上海这座一流城市的一流教育，提供一流的后勤保障。

上海市学校后勤协会

2015 年 10 月

目 录

校园绿化养护月历表

特别提示：

1. 古树名木的相关养护方法，请参阅上海市《古树名木及古树后续资源养护技术规程》。

2. 本书中"有害生物防控"所使用的药剂和配比，均为举例说明。防治食叶性害虫可用触杀性和胃毒性药剂，防治刺吸性害虫可用内吸性药剂。

一、二月校园绿化养护技术规程

■ 上海地区：一月份平均最高温度 8℃，平均最低温度 1.1℃，平均降水量 50.6mm。

■ 上海地区：二月份平均最高温度 9.2℃，平均最低温度 2.2℃，平均降水量 56.8mm。

序号	作业项目	实施对象		具体措施和要求	
		病虫害名称	危害植物	时 间	方 法
01	有害生物防控	草履蚧（卵、若虫）*	珊瑚、八角金盘、红叶李、枫杨等	2月下旬	采用触杀性或者内吸性杀虫剂，将叶面充分喷雾，7~10天1次，连防2~3次，持续到3月份。
		蚧壳虫类（越冬成虫冬防）	各类寄主植物	1~2月	修除严重虫害枝，保持通风透光。
		乌桕毒蛾（越冬幼虫）*	乌桕、枫香、重阳木等	1~2月	破坏幼虫越冬网幕，消除越冬幼虫。
		刺蛾类（茧）	阔叶树的树干	1~2月	人工敲破树干上越冬的虫茧。
		天牛（幼虫）	女贞、悬铃木、海棠、樱花、桃、柳、槭树类等	1~2月	钢丝钩杀或对蛀孔注药毒杀。
02	修剪*	乔木类树种：			
		落叶乔木	落叶型的行道树、庭园树为主，如银杏、水杉、杨、柳、榆、悬铃木等		最适宜冬季休眠期修剪，但要避开冰冻天。
		花灌木类树种：			
		当年分化型	溲疏、锦带花、紫薇、木槿、石榴、红叶李、紫荆、柑橘、夹竹桃等		可以从容地在冬季修剪，避开冰冻天即可。

		花境、花坛	一二年生草花，多年生宿根、球根花卉等	修剪枯萎的黄叶、残蕾、残花和残枝等，修剪因过度生长导致入侵相邻块面的枝叶，剪除病虫株，并清除杂草。
		草坪	黑麦草等冷季型草	根据冷季型草的生长情况及时修剪，高度控制在6~7cm同时做好切边工作。
		水生植物	水烛、水葱、香菇草、再力花等	挺水植物应剪除植株枯萎部分，留茬应低矮整齐，抽稀过密枝株，浮叶漂浮植物和沉水植物应结合清塘，疏剪老株根茎，重新铺植。
03	浇水与排水	树林、树丛、孤植树、行道树、花坛、花境、绿篱、造型植物、立体绿化、容器植物、草坪、草地、地被植物、竹类、室内绿化		冬季浇水宜在午间一次浇透，冰冻天不应浇水；竹类在出笋前如气候干旱，必须浇透浇足；室内绿化宜随时浇水；遭强冷空气或严重冰冻前，花坛、花境应浇足冻水。
04	控制杂草	行道树、绿篱、造型植物、立体绿化、草坪、草地、水生植物		乔灌木下的越冬杂草必须连根铲除；草坪、地被中的杂草控制在不明显影响景观面貌的范围内；当天挑除的杂草应集中收集，统一处理。
05	施肥 *	树林、树丛、孤植树、行道树、花坛、花境、绿篱、造型植物、立体绿化、容器植物、草坪、草地、地被植物、竹类、水生植物、室内绿化		冬季宜施有机肥；竹类以酸性有机肥为主，宜施腐熟菜籽饼；水生植物施基肥。
06	局部调整 *	树林、树丛、孤植树、行道树、花坛、花境、绿篱、造型植物、地被植物		制定调整计划。
07	复壮更新 *	树林、树丛、孤植树、行道树、花坛、花境、立体绿化、地被植物、竹类		通过补植而更新的落叶树应与原植物品种、规格相同；落叶地被应于休眠期进行补植更新；散生竹冬季更新间伐，除去老竹。
08	土壤保育 *	树林、树丛、孤植树、行道树、草坪、草地		土壤耕作：松土、翻土、打孔，冬天宜深翻；为降低容重，改良结构，宜用人工栽培介质；宜用风吹不扬尘的粗粒物如陶粒、树皮、石子等物料覆

			盖土壤表面，夯紧实；防止践踏；增施有机肥料；宜采用通气透水的铺装。
09	防灾防护*	树林、树丛、孤植树、花境、绿篱、造型植物、立体绿化、容器植物、部分棕榈科植物	检查被包扎的植物，如被风吹坏或绑扎不牢，应及时加固或重新包扎；如遇降雪，应及时敲除积压在枝条上的积雪，以防枝条被雪压断；产生冻拔的植物应及时夯实根际土壤；不耐寒的植物应防寒越冬，宜采用根际培土或用草片包裹等防寒措施；容器植物应保持盆体清洁、稳固。
10	设施维护*	树林、孤植树、行道树	扶正落叶树木，一般倾斜超过 10° 的树木应扶正，扶正后需支撑。
		园林建筑与构建物、树穴盖板、道路地坪、假山叠石、上下水、照明、果壳箱及垃圾堆场、园椅园桌、标牌、报廊、宣传廊、停车场、绿地内的文物和饲养的动物等	应保持设施牢固、构件完好、完整无损、稳固安全、平整清洁，影响行人安全或缺失的设施应及时调整修复；确保动物无疫情。
11	保洁	树林、树丛、孤植树、行道树、花坛、花境、绿篱、造型植物、立体绿化、容器植物、草坪、草地、地被植物、竹类、水生植物、室内绿化	绿地内无陈积垃圾，水面无漂浮杂物，树干无悬挂物，树穴无垃圾；做好开学前校园环境整治工作。
12	水体维护	河湖、池塘、水池、喷泉	景观优美，保持设计要求；驳岸安全稳固、无缺损；安全警示标志完好无损；循环、动力设施正常运转；冬季结合疏竣，清除水底淤泥，减少有机物的积累。
13	机具保养	草坪车、轧草机、割灌机、绿篱剪、各类手动工具等	机械设备冬季保养，保持良好性能，安全过冬；手动工具刃口锋利，保持其完整度和整洁度。
14	废弃物利用	树枝、杂草、草屑、落叶、植物残体、余土等	规范堆放，防火、防虫；有条件的可将粉碎的树枝、落叶、杂草等进行堆肥。

注：表中标 * 号的为本月重点工作。

一、二月（绿化养护技术规程）主要病虫害防治图例

序 号	病虫害名称	危害植物名称	图 例
01	草履蚧 （卵、若虫）	珊瑚、八角金盘、红叶李、枫杨、无患子等	
02	蚧壳虫 （越冬成虫）	紫微等各类寄主植物	
03	乌桕毒蛾 （幼虫）	乌桕、枫香、重阳木等	
04	刺蛾类 （茧）	杨、柳、榆、桑、悬铃木、紫荆、梧桐、苹果、海棠等	
05	天牛 （幼虫）	女贞、悬铃木、海棠、樱花、桃、柳、槭树类等	

三月校园绿化养护技术规程

上海地区：三月份平均最高温度 12.8℃，平均最低温度 5.6℃，平均降水量 98.8mm。

序 号	作业项目	实施对象			具体措施和要求
		病虫害名称	危害植物	时 间	方 法
01	有害生物防控	紫薇绒蚧（成虫、若虫）*	紫薇	3月下旬4月上旬	采用触杀性或内吸性杀虫剂（如 10% 吡虫啉 1500~3000 倍液、森得保 1000~1500 倍液、花保 100~150 倍液等）喷雾，7~10 天 1 次，连防 2~3 次。
		杭州新胸蚜（干母）*	蚊母	3月中旬	蚊母开始萌发新叶时，喷内吸性药剂（如 10% 吡虫啉 1500~3000 倍液、70% 艾美乐 13000~15000 倍液等），10 天 1 次，连喷 2 次。
		栾多态毛蚜（若虫、成虫）*	栾树	3月上旬	栾树萌发前一周开始用触杀性或者内吸性药剂（如 70% 艾美乐 13000~15000 倍液、25% 阿克泰 8000~10000 倍液等），半月 1 次，至 4 月栾树叶片基本萌发完成结束。
		竹茎扁蚜（成蚜、若蚜）	慈孝竹	3月	全年发生，结合修剪修除病虫枝，集中烧毁；可选用内吸性药剂（如 10% 吡虫啉 1500~3000 倍液、25% 阿克泰 8000~10000 倍液等）喷雾。

		白粉病（发病初期）*	紫薇、狭叶十大功劳、大叶黄杨、石楠、木芙蓉、月季、丁香等	3月中旬	采用白粉病防治药剂（如20%粉锈宁1000~1500倍液、12.5%腈菌唑1500~2000倍液、12.5%力克菌2000~3000倍液等）叶面喷雾，每周1次，连防3次。
		桧柏－梨锈病	梨树、海棠等蔷薇科植物和桧柏、龙柏等桧柏属植物	3月初	剪除冬孢子角枝，集中烧毁；两种转主寄生类植物种植距离大于5km；贴梗海棠、梨等植物在展叶初期喷杀菌剂（如20%粉锈宁1000~1500倍液、12.5%腈菌唑1500~2000倍液、12.5%力克菌2000~3000倍液等）1~2次。
02	**修剪**	乔木类树种：			
		常绿乔木	松柏类、香樟、女贞、石楠等		为确保修剪的伤口尽快愈合，通常新梢的修剪时间为春季或初夏，木质化枝条的修剪时间则春、秋均可。
		落叶乔木	重阳木、乌桕、合欢、苦楝、无患子等		不甚耐寒和伤流明显的树种，应在早春进行修剪。
		花灌木类树种：			
		当年分化型	夹竹桃		冬季修剪，最好是在后期即临近早春时进行。
		夏秋分化型	桃花		为减少"流胶病"，多在冬季修剪，最好临近早春的时候。
		草花花坛、花境、地被植物	一二年生草花，多年生宿根、球根花卉		除去枯、病、残花枝叶，同时做好分栽、翻种、分隔、施肥、病虫害防治等工作。
		草坪	黑麦草等冷季型草		根据草坪的生长情况及时修剪，高度控制在6~7cm，同时做好切边工作。

（续表）

03	浇水与排水	树林、树丛、孤植树、行道树、花坛、花境、绿篱、造型植物、立体绿化、容器植物、草坪、草地、地被植物、竹类、室内绿化	春季久旱无雨应及时浇水，宜在中午浇水；室内绿化宜随时浇水；一般容器植物托盘内不得有积水。
04	控制杂草	行道树、绿篱、造型植物、立体绿化、草坪、草地、水生植物	以人工挑除为主，连根挑净清理出场。
05	施肥	花坛、花境、草坪、草地、地被植物	春季植物生长旺盛宜施追肥；竹类宜施尿素等速效肥；施肥宜在晴天。
06	局部调整 *	树林、树丛、孤植树、行道树、绿篱、造型植物	对绿地中布局不合理的乔灌木进行调整，主要方法有密中抽稀、移植、补植、修剪等，本月以调整落叶树为主。
07	复壮更新 *	树林、树丛、孤植树、行道树、花坛、花境、绿篱、造型植物、立体绿化、草坪、草地、地被植物	落叶、常绿乔灌木应在春季土壤解冻以后，发芽以前更新；常绿地被应于早春进行补植更新；花坛植株根据实际情况更换缺失和死亡的植株；当草坪枯草层增厚，草层及土层通气差，空秃严重，杂草入侵明显时，必须复壮更新，宜用疏草机或钢齿耙消除枯草层和打孔机打孔改善土壤通气性，结合打孔增施有机肥，改良土壤，草坪长势差、空秃严重、杂草无法清除干净，宜重新建植。
		水生植物	定植多年的水生植物因不断滋生蔓延而根节纠连或茎枝缠结，影响正常生长，应及时分栽，更新复壮，特别是容器栽培的植株，应每年翻盆整新。
08	土壤保育 *	树林、树丛、孤植树、花坛、花境、地被植物	土壤酸碱度调节；盐碱土改良；施肥遵循"薄肥勤施"的原则，宜和灌水结合，安全、卫生施肥；人为活动多，土壤板结应勤松土，深度以不伤根为宜；平整冬翻土地，挑除各类杂草，捡除各类垃圾。
09	防灾防护	树林、树丛、孤植树、花境、绿篱、造型植物、立体绿化、容器植物	冬季防寒保暖的包扎物及材料，应及时拆除。

10	设施维护	树林、孤植树、行道树	一般倾斜超过 10° 的树木应扶正，扶正后需支撑。扶正时间：落叶树在其休眠期，常绿树木应在新芽萌发初期。
		园林建筑与构建物、树穴盖板、道路地坪、假山叠石、上下水、照明、果壳箱及垃圾堆场、园椅园桌、标牌、报廊、宣传廊、停车场、绿地内的文物和饲养的动物等	应保持设施牢固、构件完好、完整无损、稳固安全、平整清洁，影响行人安全或缺失的设施应及时调整修复；确保动物无疫情。
11	保洁	树林、树丛、孤植树、行道树、花坛、花境、绿篱、造型植物、立体绿化、容器植物、草坪、草地、地被植物、竹类、水生植物、室内绿化	绿地内无陈积垃圾，水面无漂浮杂物，树干无悬挂物，树穴无垃圾。
12	水体维护	河湖、池塘、水池、喷泉	景观优美，保持设计要求；驳岸安全稳固、无缺损；安全警示标志完好无损；循环、动力设施正常运转；应控制各类污水、污染物进入水体，清除枯枝落叶、渣屑漂浮物。
13	机具保养	草坪车、轧草机、割灌机、绿篱剪、各类手动工具等	机械设备保持良好性能，能安全、正常、随时使用；手动工具刃口锋利，保持其完整度和整洁度。
14	废弃物利用	树枝、杂草、草屑、落叶、植物残体、余土等	经灭病虫和粉碎处理的枯枝落叶可覆盖绿地裸露土表或树林，也可堆腐用作土壤改良材料及有机堆肥原料。

注：表中标 * 号的为本月重点工作。

三月（绿化养护技术规程）主要病虫害防治图例

序 号	病虫害名称	危害植物名称	图 例
01	紫薇绒蚧	紫薇	
02	杭州新胸蚜（干母）	蚊母	
03	栾多态毛蚜	栾树	
04	竹茎扁蚜（成蚜、若蚜）	慈孝竹	
05	白粉病（发病初期）	紫薇、狭叶十大功劳、大叶黄杨、石楠、椤木石楠、木芙蓉、月季、丁香等	

06	桧柏－梨锈病	梨树、海棠等蔷薇科植物和桧柏、龙柏等桧柏属植物	
07	桧柏－梨锈病	梨树、海棠等蔷薇科植物和桧柏、龙柏等桧柏属植物	

四月校园绿化养护技术规程

上海地区：平均最高温度 19.1℃，平均最低温度 10.9℃，平均降水量 89.3mm。

序 号	作业项目	实施对象			具体措施和要求
		病虫害名称	危害植物	时 间	方 法
01	有害生物防控*	藤壶蚧（初孵若虫）*	广玉兰、香樟、白玉兰、珊瑚等	4月底5月初	采用内吸性药剂（如10%吡虫啉1500~3000倍液、森得保1000~1500倍液、5%啶虫脒2000倍液等）将叶面充分喷雾，7~10天1次，连防2~3次。喷洒操作有困难的情况下，可选用内吸性药剂（如树虫一针净、吡虫啉、乐斯本等）进行树干注射加以防治。
		栾多态毛蚜（若蚜、成蚜）*	栾树	4月中下旬	采用内吸性杀虫剂喷洒，半月1次。
		杜鹃网蝽（若虫）	各类杜鹃	4月下旬	可选用内吸性杀虫剂喷雾1~2次，每次间隔7~10天，喷雾须仔细认真。
		桂花螨类（若螨、成螨）	桂花	4月中旬	可用杀螨剂（如1.8%阿维菌素1500~2000倍液）喷雾，7~10天1次，连续2~3次，喷药时要注意使叶片正反面都喷到。
		蚜虫类	海桐、海棠类、红叶李、木槿、夹竹桃等	4月	保持植物通风透光，通过剪除有虫的嫩叶、嫩枝，有效降低虫口密度；药剂防治同"藤壶蚧"。

（续表）

		黄杨绢野螟（幼虫）*	瓜子黄杨、雀舌黄杨	4月上中旬	可用触杀性或者胃毒性杀虫剂（如 1.2% 烟参碱 800~1000 倍液、25% 灭幼脲 3 号 2000~2500 倍液等）充分喷洒。
		白粉病（发生期）*	紫薇、狭叶十大功劳、大叶黄杨、石楠、木芙蓉、月季、丁香等	4月	采用白粉病防治药剂（如 20% 粉锈宁 1000~1500 倍液、12.5% 腈菌唑 1500~2000 倍液、12.5% 力克菌 2000~3000 倍液等）叶面喷雾，每周 1 次，连防 3 次。
		月季黑斑病（发生期）	月季、蔷薇等	4月上旬	选用抗病品种，生长期及时修剪以利通风透光，发病前喷保护性杀菌剂（如 80% 大生 500~800 倍液、70% 百菌清 700~1000 倍液等），发病后用治疗性杀菌剂（如 70% 甲基硫菌灵 1500~2000 倍液、12.5% 力克菌 2000~3000 倍液等）进行叶面喷洒。
		金叶女贞叶斑病（发病初期）*	金叶女贞	4月下旬	金叶女贞新叶萌发期每隔 10~15 天喷施 1 次保护性杀菌剂（如 80% 大生 500~800 倍液），如叶片出现发病症状则喷施治疗性杀菌剂（如 70% 甲基硫菌灵 1500~2000 倍液、12.5% 力克菌 2000~3000 倍液等），连续 2~3 次，持续至 5 月份新叶萌发结束。
02	修剪*	绿篱、色块及各类球类*	珊瑚、瓜子黄杨、红花檵木、金叶女贞、大叶黄杨、红叶石楠等	4月底	完成五一劳动节前的整形修剪工作，结合病虫害防治，剪除、处理受危害的枝条和叶片。

		乔木类树种：		
		常绿乔木	松柏类、香樟、女贞、石楠等	大多数均适宜在生长期修剪；常绿针叶树由于树脂较多，最适宜在春季修剪。
		花灌木类树种：		
		夏秋分化型*	腊梅、梅花、白玉兰、迎春等	花后修剪。
		混播草坪*	黑麦草等冷季型草	冷季型草控制生长压低高度在1~2cm，促使暖季型草返青。
		草花花坛、花境、地被植物	一二年生草花，多年生宿根、球根花卉等	除去枯、病、残花枝叶，同时做好分栽、翻种、分隔、施肥、病虫害防治等工作。
03	浇水与排水	树林、树丛、孤植树、行道树、花坛、花境、绿篱、造型植物、立体绿化、容器植物、草坪、草地、地被植物、竹类、室内绿化		根据气候条件进行浇水，在久旱、土壤干燥时应及时适时适量浇水，浇水前应先松土，宜与施肥和土壤管理结合；一般容器植物托盘内不得有积水。
04	控制杂草	树林、树丛、孤植树、行道树、绿篱、造型植物、立体绿化、容器植物、竹类、水生植物、室内绿化		人工挑除绿地内各类明显杂草；草坪草地中大型、恶性及缠绕性杂草必须及时清除，严禁此类草结籽。
05	施肥	花坛、花境、草坪、草地、地被植物		追肥宜采用穴施、喷施和薄肥勤施，除根外追肥及特殊花卉植物需叶面喷液肥外，肥料不得施于花、叶上，施肥后应立即用清水喷洒枝叶；花境、花坛花卉露色后适当施追肥；草地施有机肥1次。
06	局部调整*	树林、树丛、孤植树、行道树、绿篱、造型植物		对绿地中布局不合理的乔灌木进行调整，主要方法有密中抽稀、移植、补植、修剪等，本月以调整针叶树、常绿阔叶树为主。
07	复壮更新*	树林、树丛、孤植树、行道树、花境、绿篱、造型植物地被植物		落叶、常绿乔灌木应在春季土壤解冻以后，发芽以前更新；常绿地被应于早春进行补植更新；补

			植的植物品种、规格必须与周边植株相似或匹配。
		草坪	养草期间，萌发期、久雨后土壤过湿、过度践踏的草皮应暂停开放，封闭养草。
		花坛	换花的空置期不应超过10天，空置期内应对花坛土壤翻晒或药物消毒，并施腐熟有机肥；土壤过多应适当去除，土壤不足应适当加土；花坛的模纹线条应保持清晰，弧度流畅。
		容器植物	植物根系占满栽植盆必须换盆，更换的盆与土壤必须消毒，视植物长势，约两年翻盆1次，新盆应大于原盆1寸以上，盆底应垫排水层，上铺有效土壤，根系应舒展盆中，覆盖低于盆口2~10cm的土层，固定植株，表面宜覆盖陶粒或细石等。
08	土壤保育	树林、树丛、孤植树、花坛、花境、地被植物	土壤酸碱度调节；盐碱土改良；施肥遵循"薄肥勤施"的原则，宜和灌水结合，安全、卫生施肥；松土应在晴天，土壤不过湿的情况下进行，松土时严禁损伤植物的根系和地下茎；绿地中提倡种植固氮豆科植物。
09	防灾防护	容器植物	保持盆体清洁、稳固。
10	设施维护	树林、孤植树、行道树	扶正常绿树木，一般倾斜超过10°的树木应扶正，扶正后需支撑。
		园林建筑与构建物、树穴盖板、道路地坪、假山叠石、上下水、照明、果壳箱及垃圾堆场、园椅园桌、标牌、报廊、宣传廊、停车场、绿地内的文物和饲养的动物等	应保持设施牢固、构件完好、完整无损、稳固安全、平整清洁，**影响行人安全或缺失的设施应及时调整修复**；确保动物无疫情。

11	保洁	树林、树丛、孤植树、行道树、花坛、花境、绿篱、造型植物、立体绿化、容器植物、草坪、草地、地被植物、竹类、水生植物、室内绿化	绿地内无陈积垃圾，水面无漂浮杂物，树干无悬挂物，树穴无垃圾。
12	水体维护	河湖、池塘、水池、喷泉	景观优美，保持设计要求；驳岸安全稳固、无缺损；安全警示标志完好无损；循环、动力设施正常运转；控制各类污水、污染物进入水体，清除枯枝落叶、渣屑漂浮物和藻、萍等浮游生物。
13	机具保养	草坪车、轧草机、割灌机、绿篱剪、各类手动工具等	机械设备保持良好性能，能安全、正常、随时使用；手动工具刃口锋利，保持其完整度和整洁度。
14	废弃物利用	树枝、杂草、草屑、落叶、植物残体、余土等	经灭病虫和粉碎处理的枯枝落叶可覆盖绿地裸露土表或树林，也可堆腐用作土壤改良材料及有机堆肥原料。

注: 表中标 * 号的为本月重点工作。

四月（绿化养护技术规程）主要病虫害防治图例

序 号	病虫害名称	危害植物名称	图 例
01	藤壶蚧 （初孵若虫）	广玉兰、香樟、白玉兰、珊瑚	
02	栾多态毛蚜 （若蚜、成蚜）	栾树	
03	杜鹃网蝽 （若虫）	各类杜鹃	
04	蚜虫	海桐、海棠类、红叶李、木槿、夹竹桃等	
05	黄杨绢野螟	瓜子黄杨、雀舌黄杨	

06	白粉病	紫薇、狭叶十大功劳、大叶黄杨、石楠、木芙蓉、月季、丁香等	
07	月季黑斑病	月季、蔷薇等	
08	金叶女贞叶斑病	金叶女贞	
09	桂花螨类（若螨、成螨）	桂花	

五月校园绿化养护技术规程

■ 上海地区：平均最高温度 24.1℃，平均最低温度 16.1℃，平均降水量 102.3mm。

序 号	作业项目	实施对象			具体措施和要求
		病虫害名称	危害植物	时 间	方 法
01	有害生物防控*	藤壶蚧（初孵若虫）*	广玉兰、香樟、白玉兰、珊瑚等	4月底5月初	采用内吸性药剂（如10%吡虫啉1500~3000倍液、森得保1000~1500倍液、5%啶虫脒2000倍液等）叶面充分喷雾，7~10天1次，连防2~3次。喷洒操作有困难的情况下，可选用内吸性药剂（如树虫一针净、吡虫啉、乐斯本等）进行树干注射加以防治。
		红蜡蚧（初孵若虫）*	雪松、枸骨、月桂、杜英、白玉兰、八角金盘等	5月底	防治方法同"藤壶蚧"。
		绿绵蚧、扭绵蚧（若虫）	珊瑚、朴树、白玉兰、黄连木、合欢、红叶李、红花檵木等	5月下旬	采用内吸性药剂充分喷雾，每周1次，连续2次。
		悬铃木方翅网蝽（若虫）*	悬铃木	5月初	采用内吸性或者触杀性药剂（如1.2%烟参碱800~1000倍液、10%吡虫啉1500~3000倍液、1.8%阿维菌素1500~2000倍液等）进行叶面喷洒，每周1次，连防3次。
		青桐木虱（若虫、成虫）*	青桐	5月上中旬	防治方法同"悬铃木方翅网蝽。"

		合欢羞木虱（若虫）*	合欢、梨、苹果、槐等	5月上中旬	合欢开始萌芽就采用内吸性药剂喷雾，7~10天1次，连续3次，同时注意保护草蛉和寄生蜂等天敌。
		海桐木虱（若虫、成虫）	海桐	5月上旬	
		梨网蝽（若虫）*	梅花、梨、山楂、桃、海棠类等	5月中旬	喷施内吸性药剂（如10%吡虫啉1500~3000倍液、5%啶虫脒2000倍液、70%艾美乐13000~15000倍液、25%阿克泰8000~10000倍液等）1~2次，间隔10~15天。
		杜鹃网蝽（若虫）	紫鹃、毛鹃	5月上中旬	通过花后修剪适当修除危害叶片；药剂防治可选用内吸性药剂喷雾。
		黑刺粉虱（若虫）	柑橘、香樟等	5月	喷施内吸性杀虫剂1~2次，间隔10~15天。
		樟个木虱、樟曼盲蝽（若虫、成虫）	香樟	5月	香樟换叶期用内吸性药剂（如1.8%阿维菌素1500~2000倍液、10%吡虫啉1500~3000倍液、森得保1000~1500倍液等）叶面充分喷雾1~2次，间隔10~15天。
		蚜虫类	珊瑚、月季、海棠类、紫藤、油麻藤、红叶李、绣线菊、夹竹桃等	5月	保持植物通风透光，通过剪除有虫的嫩叶、嫩枝，有效降低虫口密度；药剂防治同"梨网蝽"。
		乌桕毒蛾（幼虫）*	乌桕、枫香、重阳木、石楠等	5月上旬	加强巡查，发现受害叶片人工剪除并杀死叶片上为害的幼虫，药剂防治可用触杀性和胃毒性药剂（如25%灭幼脲2000~2500倍液、1.2%烟参碱800~1000倍液、森得保1000~1500倍液等）充分喷洒。

		丝棉木金星尺蠖（幼虫）*	丝棉木、卫矛、大叶黄杨、扶芳藤等	5月下旬	防治同"乌桕毒蛾"。
		重阳木锦斑蛾（幼虫）	重阳木	5月中下旬	防治同"乌桕毒蛾"。
		白粉病（发生期）*	悬铃木、大叶黄杨、石楠、小檗、紫薇、十大功劳等	5月初	采用白粉病防治药剂（如20%粉锈宁1000~1500倍液、12.5%腈菌唑1500~2000倍液、12.5%力克菌2000~3000倍液等）叶面喷雾，每周1次，连防3次。
		月季黑斑病（高峰期）	月季、蔷薇等	5月上中旬	没有出现症状前用保护性药剂（如80%大生500~800倍液、70%百菌清700~1000倍液等）喷雾预防，10~15天1次，出现黑斑病症状后采用治疗性药剂（如12.5%力克菌2000~3000倍液、70%甲基硫菌灵1500~2000倍液等）进行叶面喷雾2~3次，每次间隔10~15天，等到病情不再扩展，再改为使用保护性药剂预防。
		香樟黄化病	香樟	5月中旬	新叶萌发期可用"强力壮树"进行树干吊液。
02	修剪*	绿篱、色块及各类球类	珊瑚、瓜子黄杨、红花檵木、金叶女贞、大叶黄杨、红叶石楠等	5月初	完成节前整形修剪，结合病虫害防治，剪除、处理受危害的枝条和叶片。
		乔木类树种：			
		常绿乔木	松柏类、香樟、女贞、石楠等		大多数均适宜在生长期修剪。

		落叶乔木	枫杨	防止伤流可在 5 月展叶后进行一次性修剪。
			悬铃木	5~6 月进行生长期修剪、剥芽。
		花灌木类树种：		
		夏秋分化型 *	紫玉兰、牡丹、海棠类、樱花、山茶、杜鹃等	花后修剪整理杂枝、抽稀，剪去死枝和病虫枝。
		多次分化型	月季、蔷薇等	多次分化的花木，要使其多次开花，就要在每次花后和下一次新梢生长之前抓紧修剪，但修剪量很少。
		草坪	各类草坪	根据草坪功能和性质及时割轧，清理残草，同时做好切边工作。
		草花花坛、花境、地被植物	一二年生草花，多年生宿根、球根花卉等	除去枯、病、残花枝叶，同时做好分栽、翻种、分隔、施肥、病虫害防治等工作。
		修补树洞 *	行道树、孤植树等	一般树洞以开放式引流保护为主，难以引流的朝天洞或侧面洞，应在防腐后进行修补；修补前必须挖尽腐木，消毒防腐，保持伤口的圆顺；然后应先用木炭或水泥石块填补，如有必要可用钢筋做支撑加固，再用铁丝网罩住，外面用水泥、胶水、颜料拌匀后（接近树皮颜色）进行修补；封口要求平整、严密并与木质部齐平；形成层处轻刮，最后涂伤口愈合剂。
03	浇水与排水 *	树林、树丛、孤植树、行道树、花坛、花境、绿篱、造型植物、立体绿化、容器植物、草坪、草地、地被植物、竹类、室内绿化		适当和正确的浇水，浇水时间的长短、浇水量与次数依据季节和植物种类而定；梳理绿地内的排水沟，保持排水通畅；容器植物、室内绿化及时补水。
04	控制杂草 *	树林、树丛、孤植树、行道树、绿篱、造型植物、立体绿化、草坪、草地、竹类、水生植物		人工挑除绿地内各类明显杂草，连根挑净，清理出场；必要时采用机械修剪、生物或化学药剂进行防治。
05	施肥	花坛、花境、立体绿化、容器绿化、草坪、草地、地被植物、室内绿化		春季植物生长旺盛宜施追肥；各类草坪追施有机肥 1 次。

06	局部调整	树林、树丛、孤植树、行道树、绿篱、造型植物	对绿地中布局不合理的乔灌木进行调整，主要方法有密中抽稀、移植、补植、修剪等，本月以调整针叶树、常绿阔叶树为主。
07	复壮更新	花坛、花境、地被植物、竹类	补植更新的植物应与原植物品种、规格一致，精心加强养护；散生竹更新间伐，并适当疏笋。
		孤植树、行道树	针对生长衰弱僵树、生长衰老树应改善土壤营养，树洞防腐消毒修补或引流，监测地下水位，去除树身上的寄生植物，地上部分修剪调整树势，树身枯烂应做支撑；古树名木如地下根系生长受到影响时，应在不伤或少伤根系的情况下，排除各种不利因素，复壮方法有施用菌根菌、涂林木梳理剂、种植豆科植物、叶面追肥等，抢救措施可采取修剪、遮阳、喷雾、促生根、设观察井、灌排水、施营养液等。
		容器植物	植物根系占满栽植盆必须换盆，更换的盆与土壤必须消毒，土壤中宜增添适量高分子吸水剂；视植物长势，约两年翻盆1次；新盆应大于原盆1寸以上，盆底应垫排水层，上铺有效土壤，根系应舒展盆中，覆盖低于盆口2~10cm的土层，固定植株，表面宜覆盖陶粒或细石等。
08	土壤保育	树林、树丛、孤植树、花坛、花境、地被植物	土壤酸碱度调节；盐碱土改良；施肥遵循"薄肥勤施"的原则，宜和灌水结合，安全、卫生施肥；松土应在晴天，土壤不过湿的情况下进行，松土时严禁损伤植物的根系和地下茎；绿地中提倡种植固氮豆科植物。
09	防灾防护	树林、树丛、孤植树、造型植物、立体绿化、容器植物	排摸树木防台防汛设施情况，如树体加固支撑，树穴加土，疏枝通风等；乔木的支撑拉攀加固等设施不妥的，必须及时更新、及时加固，并及时疏理排水沟。

10	设施维护*	树林、孤植树、行道树	检查树木支撑扎缚情况，出现扎缚松散和损坏现象应及时更换，防止扎缚物嵌入树干。行道树埋单桩位置与要求：南北道上应埋在北面，东西道上应埋在东面，桩长 3.5m，埋入土中 1.1m，桩离树干距离应该在 20~30cm 之间。
		园林建筑与构建物、树穴盖板、道路地坪、假山叠石、上下水、照明、果壳箱及垃圾堆场、园椅园桌、标牌、报廊、宣传廊、停车场、绿地内的文物和饲养的动物等	应保持设施牢固、构件完好、完整无损、稳固安全、平整清洁，影响行人安全或缺失的设施应及时调整修复；确保动物无疫情；检查排灌设施是否完好无损，能否正常运转，如有故障或隐患，及时排除。
11	保洁	树林、树丛、孤植树、行道树、花坛、花境、绿篱、造型植物、立体绿化、容器植物、草坪、草地、地被植物、竹类、水生植物、室内绿化	绿地内无陈积垃圾，水面无漂浮杂物，树干无悬挂物，树穴无垃圾。
12	水体维护	河湖、池塘、水池、喷泉	景观优美，保持设计要求；驳岸安全稳固、无缺损；安全警示标志完好无损；循环、动力设施正常运转；按照种植梯度栽植挺水、浮叶、沉水的各类水生植物，放养鱼、螺、虾、贝等水生动物。
13	机具保养	草坪车、轧草机、割灌机、绿篱剪、各类手动工具等	机械设备日常维护、保养，保持良好性能，能安全、正常、随时使用；手动工具刃口锋利，保持其完整度和整洁度。
14	废弃物利用	树枝、杂草、草屑、落叶、植物残体、余土等	经灭病虫和粉碎处理的枯枝落叶可覆盖绿地裸露土表或树林，也可堆腐用作土壤改良材料及有机堆肥原料。

注：表中标 * 号的为本月重点工作。

五月（绿化养护技术规程）主要病虫害防治图例

序 号	病虫害名称	危害植物名称	图 例
01	藤壶蚧 （初孵若虫）	广玉兰、香樟、白玉兰、珊瑚等	
02	红蜡蚧 （初孵若虫）	雪松、枸骨、月桂、杜英、白玉兰、八角金盘等	
03	绿绵蚧、纽绵蚧 （若虫）	珊瑚、朴树、白玉兰、黄连木、合欢、红叶李、红花檵木等	
04	悬铃木方翅网蝽 （若虫）	悬铃木	
05	青桐木虱 （若虫、成虫）	青桐	

06	合欢羞木虱 （若虫）	合欢、梨、苹果、槐等	
07	海桐木虱 （若虫、成虫）	海桐	
08	梨网蝽 （若虫）	梅花、梨、山楂、桃、海棠类等	
09	杜鹃网蝽 （若虫）	紫鹃、毛鹃	
10	黑刺粉虱 （若虫）	柑橘、香樟等	
11	樟曼盲蝽 （若虫、成虫）	香樟	
12	蚜虫类	珊瑚、月季、海棠类、紫藤、油麻藤、红叶李、绣线菊、夹竹桃等	

13	乌桕毒蛾 （幼虫）	乌桕、枫香、重阳木、石楠等	
14	丝棉木金星尺蠖 （幼虫）	丝棉木、卫矛、大叶黄杨、扶芳藤等	
15	重阳木锦斑蛾 （幼虫）	重阳木	
16	白粉病 （发生期）	悬铃木、大叶黄杨、石楠、小檗、紫薇、十大功劳等	
17	月季黑斑病 （高峰期）	月季、蔷薇等	
18	香樟黄化病	香樟	
19	樟个木虱	香樟	

六月校园绿化养护技术规程

上海地区：平均最高温度 27.6℃，平均最低温度 20.8℃，平均降水量 169.6mm。

序 号	作业项目	实施对象		具体措施和要求	
		病虫害名称	危害植物	时 间	方 法
01	有害生物防控*	藤壶蚧（若虫）	广玉兰、香樟、白玉兰、珊瑚等	6月初	对上月漏防的植株用内吸性药剂喷雾2~3次，每次间隔7~10天，或者采用注射方法在主干上注射内吸性药剂。
		红蜡蚧、日本龟蜡蚧（初孵若虫）*	雪松、枸骨、月桂、杜英、白玉兰、八角金盘等	6月	采用内吸性药剂（如10%吡虫啉1500~3000倍液、森得保1000~1500倍液、5%啶虫脒2000倍液等）叶面充分喷雾，7~10天1次，连防3~4次。喷洒操作有困难的情况下，可选用内吸性药剂（如树虫一针净、吡虫啉、乐斯本等）进行树干注射加以防治。
		白蜡蚧（初孵若虫）*	女贞、小叶女贞、金叶女贞	6月	防治方法同"红蜡蚧"。
		绿绵蚧（若虫）	珊瑚、朴树、白玉兰、黄连木等	6月上旬	采用内吸性药剂充分喷雾，每周1次，连续2次。
		悬铃木方翅网蝽（若虫）*	悬铃木	6月	采用内吸性或者触杀性药剂（如1.2%烟参碱800~1000倍液、10%吡虫啉1500~3000倍液、1.8%阿维菌素1500~2000倍液等）进行叶面喷洒，每周1次，连防3次。

		合欢木虱、叶螨、蚜虫	合欢、梨、苹果、槐等	6月上中旬	喷施内吸性药剂。
		樟巢螟（初孵幼虫）*	香樟	6月中旬	防治可选择触杀性或者胃毒性药剂（如25%灭幼脲3号2000~2500倍液、20%杀铃脲8000~10000倍液、1.2%烟参碱800~1000倍液等）进行喷雾。
		黄杨绢野螟（幼虫）*	瓜子黄杨、雀舌黄杨等	6月	利用趋光性，进行灯光诱杀，防治可用胃毒性药剂（如25%灭幼脲3号2000~2500倍液、苏云金杆菌800~1000倍液、1.2%烟参碱800~1000倍液等）进行喷雾。保护和利用天敌，如姬蜂、茧蜂、寄生蝇等。
		丝棉木金星尺蠖（幼虫）	丝棉木、卫矛、大叶黄杨、扶芳藤等	6月上中旬	利用黑光灯诱杀成虫，药剂防治同"黄杨绢野螟"。
		重阳木锦斑蛾（幼虫）	重阳木	6月下旬	药剂防治同"黄杨绢野螟"。
		黄尾毒蛾（幼虫）	桑、柳、枫杨、茶、悬铃木、珊瑚、蔷薇科植物等	6月上旬	加强巡查，发现受害叶片人工剪除并杀死叶片上为害的幼虫，药剂防治同"黄杨绢野螟"。
		刺蛾类（幼虫）*	悬铃木、杨、柳、枫杨、榆、樱花、桃、乌桕、枫香、桂花等	6月	低龄幼虫可摘除叶片；药剂防治采用胃毒性生物药剂（如苏云金杆菌（Bt）800~1000倍液等）喷洒防治。
		大袋蛾（幼虫）	悬铃木、重阳木、水杉、柳、槐、榆等	6月上旬	防治同"刺蛾"。

	天牛类（幼虫）	悬铃木、杨、柳、榆、槐、桑、乌桕、苦楝、海棠类、槭树类等	6月上旬	人工挖除幼虫；或用天牛成虫防治专用药剂（如绿色威雷）进行喷雾，成虫高发期每15~20天喷药1次。
	长足大足象（成虫）	慈孝竹等丛生竹	6月中下旬	及时清除被害笋，消灭笋中幼虫；待到成虫羽化高峰期，结合"绿色威雷"进行防治。
	咖啡木蠹蛾（幼虫）	樱花、石榴、海棠、无患子、乌桕等	6月上旬	初夏至秋季，及时剪除蛀害枝条、风折枝条，消灭枝内幼虫；成虫羽化时用黑光灯诱杀；对已侵入木质部的蛀孔注药或药签熏杀。
	悬铃木白粉病（高峰期）	悬铃木	6月上旬	结合当前剥芽工作，除去感病严重的枝叶，集中销毁，并及时采取药剂防控，每周1次。
	白绢病、锈病、褐斑病等草坪病害（高发期）	高羊茅、细叶结缕草、早熟禾、三叶草等	6月中旬	养护工作中注意及时排水，修剪后清除枯草，改善草坪通风透光条件，及时喷施杀菌剂进行保护，对已发病的草坪在发病初期及时喷施药剂（如12.5%力克菌2000~3000倍液、70%甲基硫菌灵1500~2000倍液等），7~10天1次，以控制病情蔓延。
	白蚁	悬铃木、雪松、水杉、白榆、龙柏等	6月	引起重视，抓紧排查，积极采取防控措施，确保树木健康。
02 修剪*	乔木类树种：			
	常绿乔木			疏除过密枝、并立枝、弱枝、交叉枝、病虫枝、下垂枝、死枝及影响树冠圆正的徒长枝。
	落叶乔木			

		花灌木类树种：		
		夏秋分化型 *	含笑、丁香等	早春开花的花灌木修剪，本月必须全部结束。
		多次分化型	月季、蔷薇等	多次分化的花木，要使其多次开花，就要在每次花后和下一次新梢生长之前抓紧修剪，但修剪量很少。
		草花花坛、花境、地被植物	一二年生草花，多年生宿根、球根花卉等	除去枯、病、残花枝叶，同时做好分栽、翻种、分隔、施肥、病虫害防治等工作。
		草坪、草地 *	各类草坪、草地	草坪修剪高度控制在 4~5cm；草地修剪高度为 10~15cm 或自然高度。
		水生植物	水烛、水葱、香菇草、再力花等	生长期梳剪：梳删过密和衰弱的挺水植物植株，及时捞割过于冗密的沉水植物和浮叶漂浮植物，保持植物类层次，删剪后的植物枝叶必须清除出水体。
		修补树洞 *	行道树、孤植树等	一般树洞以开放式引流保护为主，难以引流的朝天洞或侧面洞，应在防腐后进行修补；修补前必须挖尽腐木，消毒防腐，保持伤口的圆顺；然后应先用木炭或水泥石块填补，如有必要可用钢筋做支撑加固，再用铁丝网罩住，外面用水泥、胶水、颜料拌匀后（接近树皮颜色）进行修补；封口要求平整、严密并与木质部齐平；形成层处轻刮，最后涂伤口愈合剂。
03	浇水与排水 *	树林、树丛、孤植树、行道树、花坛、花境、绿篱、造型植物、立体绿化、容器植物、草坪、草地、地被植物、竹类、室内绿化		根据气候条件进行浇水，在久旱、土壤干燥时应及时适时适量浇水；梅雨、暴雨季节应防止积水，如有积水应立即排除；容器植物、室内绿化及时补水。
04	控制杂草 *	树林、树丛、孤植树、行道树、绿篱、造型植物、立体绿化、草坪、草地、竹类、水生植物		人工挑除绿地内各类明显杂草，连根挑净，清理出场；必要时采用机械修剪、生物或化学药剂进行防治。
05	施肥	花坛、花境、立体绿化、容器绿化、草坪、草地、地被植物、室内绿化		初夏时节植物生长旺盛，应施追肥；竹类宜施尿素等速效肥；如遇雨季则少施肥。

06	局部调整	花坛、花境、地被植物、草坪、草地	对花境植物材料、地被植物等适时进行分栽、翻种、分隔，有利于保持植物与植物之间的生长空间；草坪、草地可进行翻铺。
07	复壮更新	花境、绿篱、造型植物、草坪、草地、地被植物	补植更新的植物应与原植物品种、规格一致。
		竹类（丛生竹）	应在出笋盛期选择方位适宜的壮笋作为母竹，选留的母竹根据生长情况与方位去老留幼，去密留疏（此项工作可持续至9月）。
		孤植树、行道树	针对生长衰弱僵树、生长衰老树应改善土壤营养，树洞防腐消毒修补或引流，监测地下水位，去除树身上的寄生植物，地上部分修剪调整树势，树身枯烂应做支撑；古树名木如地下根系生长受到影响时，应在不伤或少伤根系的情况下，排除各种不利因素，复壮方法有施用菌根菌、涂林木梳理剂、种植豆科植物、叶面追肥等，抢救措施可采取修剪、遮阳、喷雾、促生根、设观察井、灌排水、施营养液等。
		花坛	换花的空置期不应超过10天，空置期内应对花坛土壤翻晒或药物消毒，并施腐熟有机肥；土壤过多应适当去除，土壤不足应适当加土；花坛的模纹线条应保持清晰，弧度流畅。
08	土壤保育	树林、树丛、孤植树、行道树、花坛、花境、绿篱、造型植物、立体绿化、容器植物、草坪、草地、地被植物、竹类	当土壤含水量小于田间持水量的60%应灌溉；严禁用高压水枪直喷植物，应雾状喷洒；绿地中提倡种植固氮豆科植物。
09	防灾防护*	树林、树丛、孤植树、行道树、花境、绿篱、造型植物、立体绿化、容器植物	台汛期间发生倒伏和倾斜的树木及时扶正；不耐涝的花境植物，多雨季节应防雨和排水；垂直绿化本月下旬应做好防风暴预防；容器植物及时排水。

10	设施维护	树林、孤植树、行道树	检查树木支撑扎缚情况，出现扎缚松散和损坏现象应及时更换，防止扎缚物嵌入树干；行道树埋单桩位置与要求：南北道上应埋在北面，东西道上应埋在东面，桩长 3.5m，埋入土中 1.1m，桩离树干距离应该在 20~30cm 之间。
		园林建筑与构建物、树穴盖板、道路地坪、假山叠石、上下水、照明、果壳箱及垃圾堆场、园椅园桌、标牌、报廊、宣传廊、停车场、绿地内的文物和饲养的动物等	应保持设施牢固、构件完好、完整无损、稳固安全、平整清洁，影响行人安全或缺失的设施应及时调整修复；确保排灌设施能正常运转，如有故障发生及时排除。
11	保洁	树林、树丛、孤植树、行道树、花坛、花境、绿篱、造型植物、立体绿化、容器植物、草坪、草地、地被植物、竹类、水生植物、室内绿化	绿地内无陈积垃圾，水面无漂浮杂物，树干无悬挂物，树穴无垃圾。
12	水体维护*	河湖、池塘、水池、喷泉	景观优美，保持设计要求；驳岸安全稳固、无缺损；安全警示标志完好无损；循环、动力设施正常运转；控制各类污水、污染物进入水体，清除枯枝落叶、渣屑漂浮物和藻、萍等浮游生物；如水体富营养化，藻类蔓延，宜采用除藻剂，应隔天使用 1 次，连续两星期，宜在气温不高的阴天使用。
13	机具保养	草坪车、轧草机、割灌机、绿篱剪、各类手动工具等	机械设备日常维护、保养，保持良好性能，能安全、正常、随时使用；手动工具刀口锋利，保持其完整度和整洁度。
14	废弃物利用	树枝、杂草、草屑、落叶、植物残体、余土等	经灭病虫和粉碎处理的枯枝落叶可覆盖绿地裸露土表或树林，也可堆腐用作土壤改良材料及有机堆肥原料。

注：表中标 * 号的为本月重点工作。

六月（绿化养护技术规程）主要病虫害防治图例

序 号	病虫害名称	危害植物名称	图 例
01	藤壶蚧	广玉兰、香樟、白玉兰、珊瑚等	
02	红蜡蚧（初孵若虫）	雪松、枸骨、月桂、杜英、白玉兰、八角金盘、落木石楠等	
03	白蜡蚧（初孵若虫）	女贞、小叶女贞、金叶女贞	
04	绿绵蚧（若虫）	珊瑚、朴树、白玉兰、黄连木等	
05	悬铃木方翅网蝽（若虫）	悬铃木	

06	合欢木虱、叶螨、蚜虫	合欢、梨、苹果、槐等	
07	樟巢螟（初孵幼虫）	香樟	
08	黄杨绢野螟（幼虫）	瓜子黄杨、雀舌黄杨等	
09	丝棉木金星尺蠖（幼虫）	丝棉木、卫矛、大叶黄杨、扶芳藤等	
10	重阳木锦斑蛾（幼虫）	重阳木	
11	黄尾毒蛾（幼虫）	桑、柳、枫杨、茶、悬铃木、珊瑚、蔷薇科植物等	
12	刺蛾类（幼虫）	悬铃木、杨、柳、枫杨、榆、樱花、桃、乌桕、枫香、桂花等	

13	大袋蛾 （幼虫）	悬铃木、重阳木、水杉、柳、槐、榆等	
14	天牛类 （幼虫）	悬铃木、杨、柳、榆、槐、桑、乌桕、苦楝、海棠类、槭树类等	
15	长足大足象 （成虫）	慈孝竹等丛生竹	
16	咖啡木蠹蛾 （幼虫）	樱花、石榴、海棠、无患子、乌桕等	
17	悬铃木白粉病 （高峰期）	悬铃木	
18	白绢病、锈病、褐斑病等草坪病害 （梅雨期易高发）	高羊茅、细叶结缕草、早熟禾、三叶草	
19	白蚁	悬铃木、雪松、水杉、白榆、龙柏等	

七月校园绿化养护技术规程

上海地区：平均最高温度 31.8℃，平均最低温度 25.0℃，平均降水量 156.3mm。

序 号	作业项目	实施对象			具体措施和要求	
		病虫害名称	危害植物	时 间	方 法	
01	有害生物防控*	悬铃木方翅网蝽（若虫、成虫）*	悬铃木	7月	采用内吸性或者触杀性药剂（如 1.2% 烟参碱 800~1000 倍液、10% 吡虫啉 1500~3000、1.8% 阿维菌素 1500~2000 倍液等）进行叶面喷洒，每周 1 次，连防 3 次。	
		樟曼盲蝽（若虫）	香樟	7月中旬	采用内吸性药剂喷雾 1~2 次，每次间隔 2 周。	
		黑刺粉虱（若虫）	香樟、腊梅、月季、丁香、山茶、柑橘等			
		黄杨绢野螟（幼虫）*	瓜子黄杨、雀舌黄杨等	7月上旬	利用趋光性，灯光诱杀成虫，防治可用胃毒性或者触杀性药剂（如 25% 灭幼脲 3 号 2000~2500 倍液、苏云金杆菌 800~1000 倍液、1.2% 烟参碱 800~1000 倍液等）进行喷雾。保护和利用天敌，如姬蜂、茧蜂、寄生蝇等。	
		丝棉木金星尺蠖（幼虫）*	丝棉木、卫矛、大叶黄杨、扶芳藤等	7月	同上	
		重阳木锦斑蛾（幼虫）	重阳木	7月上中旬	利用趋光性，灯光诱杀成虫，防治可用胃毒性或者触杀性药剂（如 25% 灭幼脲 3 号 2000~2500 倍液、苏云金杆菌 800~1000 倍液、1.2%	

			烟参碱 800~1000 倍液等）进行喷雾。
斜纹夜蛾、淡剑袭夜蛾（幼虫）*	各类草坪、地被、花卉等	7月	成虫盛发期（通常在 6~10 月）用性信息素诱捕器或频振式杀虫灯诱杀成虫，有效降低产卵量，减少幼虫危害。低龄幼虫期用触杀性或者胃毒性药剂（如 1.2% 烟参碱 800~1000 倍液、25% 灭幼脲 3 号 2000~2500 倍液等），高龄幼虫期用病毒制剂（如"虫瘟一号"1000~1200 倍液）喷雾防治。
乌柏毒蛾（幼虫）*	乌柏、枫香、重阳木、石楠等	7月上旬	利用黑光灯诱杀成虫，药剂防治同黄杨绢野螟。
黄尾毒蛾（幼虫）*	桑、柳、枫杨、茶、悬铃木、珊瑚、蔷薇科植物等	7月上旬	
刺蛾类（幼虫）*	悬铃木、杨、柳、枫杨、榆、樱花、桃、乌柏、枫香、桂花等	7月上旬	成虫羽化期用黑光灯诱杀，保护上海青蜂、刺蛾广肩小蜂、赤眼蜂等天敌或人工饲养针对性释放。药剂防治采用胃毒性生物药剂 [如苏云金杆菌（Bt）800~1000 倍液等] 喷洒防治。
天牛类（幼虫、成虫）	悬铃木、杨、柳、榆、槐、桑、乌柏、苦楝、海棠类、槭树类等	7月	人工挖除幼虫；或用天牛成虫防治专用药剂（如绿色威雷）进行喷雾，成虫高发期每 15~20 天喷药 1 次。
长足大足象（幼虫、成虫）	慈孝竹、淡竹、毛竹、哺鸡竹等	7月	及时清除被害笋，消灭笋中幼虫；待到成虫羽化高峰期，结合"绿色威雷"进行防治。7~9 月幼虫为害高峰期，7 月中旬至 11 月上旬化蛹。

		金龟子类 *	草坪、麦冬等	7月	黑光灯诱杀成虫。
		悬铃木白粉病	悬铃木	7月	采用白粉病防治药剂（如20%粉锈宁1000~1500倍液、12.5%腈菌唑1500~2000倍液、12.5%力克菌2000~3000倍液等）叶面喷雾，每周1次，连防3次。
		冷季型草坪病害	高羊茅、早熟禾等	7月中旬	及时喷施杀菌剂进行保护，对已发病的草坪在发病初期及时喷施药剂（如12.5%力克菌2000~3000倍液、70%甲基硫菌灵1500~2000倍液等），7~10天1次，以控制病情蔓延加剧。
		地被类白绢病（高峰期）	白花三叶草、玉簪、红花酢浆草等	7月中旬	做好排水系统，避免大雨时积水。药防同"草坪病害"。
		煤污病	香樟、雪松、广玉兰、月桂、柑橘、珊瑚等	7月	改善植株通风透光条件，防治蚜虫、蚧壳虫、木虱、粉虱等害虫。
		白蚁	悬铃木、雪松、水杉、白榆、龙柏等	7月	引起重视，抓紧排查，积极采取防控措施，确保树木健康。
02	修剪	乔木类树种：			疏除过密枝、并立枝、弱枝、交叉枝、病虫枝、下垂枝、死枝及影响树冠圆正的徒长枝。
		花灌木类树种：			
		草花花坛、花境、地被植物	一二年生草花，多年生宿根、球根花卉等		除去枯、病、残花枝叶，同时做好分栽、翻种、分隔、施肥、病虫害防治等工作。
		草坪、草地 *	各类草坪、草地		草坪的修剪高度控制在4~5cm；草地的修剪高度为10~15cm或自然高度。
		水生植物	水烛、水葱、香菇草、再力花等		生长期梳剪：梳删过密和衰弱的挺水植物植株，及时捞割过于冗密的沉水植物和浮叶漂浮植物，保持植物类层次，删剪后的植物枝叶必须清除出水体。

03	浇水与排水*	树林、树丛、孤植树、行道树、花坛、花境、绿篱、造型植物、立体绿化、容器植物、草坪、草地、地被植物、竹类、室内绿化	根据气候条件进行浇水，在久旱、土壤干燥时应及时浇水；夏季抗旱浇水应在清晨和傍晚；暴雨季节应防止积水，如有积水应立即排除；一般容器植物托盘内不得有积水；室内绿化及时补水。
04	控制杂草*	树林、树丛、草坪、草地、竹类、水生植物、室内绿化	采取人工挑除和化学药剂相结合的方法控制杂草，绿地内无大型、恶性及缠绕性杂草。
05	施肥	花坛、花境、草坪、草地、地被植物	高温季节不宜施肥；以水保肥。
06	局部调整	树林、树丛、孤植树、行道树、花坛、花境、绿篱、造型植物、地被植物	做好调整区域内植物的养护工作。
07	复壮更新	花坛、花境、草坪、草地、地被植物	补植更新的植物应与原植物品种、规格一致，精心加强养护。
08	土壤保育	树林、树丛、孤植树、行道树、花坛、花境、绿篱、造型植物、立体绿化、容器植物、草坪、草地、地被植物、竹类	当土壤含水量小于田间持水量的60%应灌溉；严禁用高压水枪直喷植物，应雾状喷洒。
09	防灾防护*	树林、树丛、孤植树、行道树、花境、绿篱、造型植物、立体绿化、容器植物	台风季节加强巡查，发现树枝折断、撕裂及时剪除，发现树木倾斜或倒伏，及时采取疏枝扶正、加固树身、扎缚支撑等措施；高温季节应防日灼，遭日灼的植株应清理和平整伤口，涂防腐剂和生长素，灼伤的树木应适地适树调迁或遮荫挡光。喜荫类或不耐日灼的花境植物应遮荫；容器植物应遮荫、防雨，及时排水，盆体清洁稳固；屋顶绿化应特别注意防风、防日灼。
10	设施维护*	树林、孤植树、行道树	检查树木支撑扎缚情况，出现扎缚松散和损坏现象应及时加固或更换，台风来临采取必要的加固措施，如使用浪风绳、三角支撑等。

		园林建筑与构建物、树穴盖板、道路地坪、假山叠石、上下水、照明、果壳箱及垃圾堆场、园椅园桌、标牌、报廊、宣传廊、停车场、绿地内的文物和饲养的动物等	利用假期时间，对各类设施进行全面维护和保养，无法修缮和正常使用的，应及时更换，保证设施牢固、构件完好、完整无损、稳固安全、平整清洁；确保排灌设施能正常运转。
11	保洁	树林、树丛、孤植树、行道树、花坛、花境、绿篱、造型植物、立体绿化、容器植物、草坪、草地、地被植物、竹类、水生植物、室内绿化	绿地内无陈积垃圾，水面无漂浮杂物，树干无悬挂物，树穴无垃圾。
12	水体维护*	河湖、池塘、水池、喷泉	景观优美，保持设计要求；驳岸安全稳固、无缺损；安全警示标志完好无损；循环、动力设施正常运转；控制各类污水、污染物进入水体，清除枯枝落叶、渣屑漂浮物和藻、萍等浮游生物；如水体富营养化，藻类蔓延，宜采用除藻剂，应隔天使用1次，连续两星期，宜在气温不高的阴天使用。
13	机具保养	草坪车、轧草机、割灌机、绿篱剪、各类手动工具等	机械设备日常维护、保养，保持良好性能，能安全、正常、随时使用；手动工具刃口锋利，保持其完整度和整洁度。
14	废弃物利用	树枝、杂草、草屑、落叶、植物残体、余土等	规范堆放，防火、防虫；有条件的可将粉碎的树枝、落叶、杂草等进行堆肥。

注：表中标 * 号的为本月重点工作。

七月（绿化养护技术规程）主要病虫害防治图例

序 号	病虫害名称	危害植物名称	图 例
01	悬铃木方翅网蝽 （若虫、成虫）	悬铃木	
02	樟曼盲蝽 （若虫）	香樟	
03	黑刺粉虱 （若虫）	香樟、腊梅、月季、丁香、山茶、柑橘等	
04	黄杨绢野螟 （幼虫）	瓜子黄杨、雀舌黄杨等	
05	丝棉木金星尺蠖 （幼虫）	大叶黄杨、女贞、扶芳藤等	

06	重阳木锦斑蛾（幼虫）	重阳木	
07	刺蛾类（幼虫）	悬铃木、杨、柳、枫杨、榆、樱花、桃、乌桕、枫香、桂花等	
08	天牛类（幼虫、成虫）	悬铃木、杨、柳、榆、槐、桑、乌桕、苦楝、海棠类、槭树类等	
09	长足大足象（幼虫、成虫）	慈孝竹、淡竹、毛竹、哺鸡竹等	
10	金龟子类	草坪、麦冬等	
11	悬铃木白粉病	悬铃木	
12	冷季型草坪病害	高羊茅、早熟禾等	

13	地被类白绢病（高峰期）	白花三叶草、玉簪、红花酢浆草等	
14	煤污病	香樟、雪松、广玉兰、月桂、柑橘、珊瑚等	
15	白蚁	悬铃木、雪松、水杉、白榆、龙柏等	
16	斜纹夜蛾（幼虫）	各类草坪、地被、花卉等	
17	乌桕毒蛾（幼虫）	乌桕、枫香、重阳木、石楠等	
18	黄尾毒蛾（幼虫）	桑、柳、枫杨、茶、悬铃木、珊瑚、蔷薇科植物等	
19	淡剑袭夜蛾（幼虫）	各类草坪、地被、花卉等	

八月校园绿化养护技术规程

上海地区：平均最高温度 31.3℃，平均最低温度 24.9℃，平均降水量 157.9mm。

序 号	作业项目	实施对象		具体措施和要求	
		病虫害名称	危害植物	时 间	方 法
01	有害生物防控*	悬铃木方翅网蝽（若虫、成虫）*	悬铃木	8月	采用内吸性或者触杀性药剂（如 1.2% 烟参碱 800~1000 倍液、10% 吡虫啉 1500~3000、1.8% 阿维菌素 1500~2000 倍液等）进行叶面喷洒，每周 1 次，连防 3 次。
		梨网蝽（若虫、成虫）	梨、樱花、山楂、苹果、桃、海棠类等	8月	保护和利用草蛉、蚂蚁、蜘蛛等天敌；药剂防治同上。
		黄尾毒蛾（幼虫）	桑、柳、枫杨、茶、悬铃木、珊瑚、蔷薇科植物等	8月上旬	利用黑光灯诱杀成虫，加强巡查，发现受害叶片人工剪除并杀死叶片上为害的幼虫，药剂防治可用触杀性和胃毒性药剂（如 25% 灭幼脲 3 号 2000~2500 倍液、1.2% 烟参碱 800~1000 倍液、森得保 1000~1500 倍液等）喷雾。
		斜纹夜蛾（幼虫、成虫）*	各类草坪、地被、花卉等	8月	成虫盛发期（通常在 6~10 月）用性信息素诱捕器或频振式杀虫灯诱杀成虫，有效降低产卵量，减少幼虫危害。低龄幼虫期用触杀性或者胃毒性药剂（如 1.2% 烟参碱 800~1000 倍液、25% 灭幼脲 3 号 2000~2500 倍液等），高龄幼虫期用病毒制剂（如"虫瘟一号"）喷雾防治。

		葱兰夜蛾 （幼虫）	葱兰、朱顶红等	8月	可用触杀性和胃毒性药剂（如 25% 灭幼脲 3 号 2000~2500 倍液、1.2% 烟参碱 800~1000 倍液、森得保 1000~1500 倍液等）喷雾。
		稻切叶螟、稻贪叶夜蛾 （幼虫）	高羊茅、早熟禾、矮生百慕达、结缕草等	8月	为害期喷施胃毒性药剂（如 40% 乐斯本 1500 倍液、10% 米满 1000 倍液等）药剂。
		樟巢螟 （幼虫）*	香樟	8月 中下旬	人工钩除虫巢，药防同葱兰夜蛾。
		刺蛾类 （幼虫、成虫）	悬铃木、杨、柳、枫杨、榆、樱花、桃、乌桕、枫香、桂花等。	8月 下旬	成虫羽化期用黑光灯诱杀，保护上海青蜂、刺蛾广肩小蜂、赤眼蜂等天敌或人工饲养针对性释放。药防采用生物农药 [苏云金杆菌（Bt）800~1000 倍液等] 进行喷洒防治。
		天牛类 （幼虫、成虫）*	悬铃木、杨、柳、榆、槐、桑、乌桕、苦楝、海棠类、槭树类等	8月	钢丝钩杀或人工挖除幼虫或蛀孔注药。
		咖啡木蠹蛾 （幼虫）	樱花、石榴、海棠、无患子、乌桕等	8月 中下旬	及时剪除蛀害枝条、风折枝条，消灭枝内幼虫；对已侵入木质部的幼虫蛀孔注药或药签熏杀。
		蛴螬类 （幼虫、成虫）*	草坪、麦冬等	8月	黑光灯诱杀程成虫；幼虫为害期施用辛硫磷乳油 1000~1500 倍液、奥力克乳剂 500 倍液浇灌，毒杀幼虫和成虫，随配随用。
02	修剪*	乔木类树种： 花灌木类树种：			疏除过密枝、并立枝、弱枝、交叉枝、病虫枝、下垂枝、死枝及影响树冠圆正的徒长枝。

（续表）

		草花花坛、花境、地被植物	一二年生草花，多年生宿根、球根花卉等	除去枯、病、残花枝叶，同时做好分栽、翻种、分隔、施肥、病虫害防治等工作。
		草坪、草地	各类草坪、草地	草坪控制修剪高度 4~5cm；草地 10~15cm 或自然高度。
		水生植物	水烛、水葱、香菇草、再力花等	生长期梳剪：梳删过密和衰弱的挺水植物植株，及时捞割过于冗密的沉水植物和浮叶漂浮植物，保持植物类层次，删剪后的植物枝叶必须清除出水体。
03	浇水与排水 *	树林、树丛、孤植树、行道树、花坛、花境、绿篱、造型植物、立体绿化、容器植物、草坪、草地、地被植物、竹类、室内绿化		根据气候条件进行浇水，在久旱、土壤干燥时应及时适时适量浇水；夏季抗旱浇水应在清晨和傍晚；一般容器植物托盘内不得有积水；室内绿化及时补水。
04	控制杂草 *	树林、树丛、草坪、草地、竹类、水生植物、室内绿化		采取人工挑除和化学药剂相结合的方法控制杂草，绿地内无大型、恶性及缠绕性杂草。
05	施肥	花坛、花境、草坪、草地、地被植物		高温季节不宜施肥；以水保肥。
06	局部调整	树林、树丛、孤植树、行道树、花坛、花境、绿篱、造型植物、地被植物		做好调整区域内植物的养护工作。
07	复壮更新	花坛、花境、草坪、草地、地被植物		补植更新的植物应与原植物品种、规格一致，精心加强养护。
08	土壤保育	树林、树丛、孤植树、行道树、花坛、花境、绿篱、造型植物、立体绿化、容器植物、草坪、草地、地被植物、竹类		当土壤含水量小于田间持水量的 60% 应灌溉；严禁用高压水枪直喷植物，应雾状喷洒。
09	防灾防护 *	树林、树丛、孤植树、行道树、花境、绿篱、造型植物、立体绿化、容器植物		台风季节加强巡查，发现树枝折断、撕裂及时剪除，发现树木倾斜或倒伏，及时采取疏枝扶正、加固树身、扎缚支撑等措施；高温季节应防日灼，遭日灼的植株应清理和平整伤口，涂防腐剂和生长素，灼伤的树木应适地适树调迁或遮荫挡光。喜荫类或不耐日

			灼的花境植物应遮荫；容器植物应遮荫、防雨，及时排水，盆体清洁稳固；屋顶绿化应特别注意防风、防日灼。
10	设施维护*	树林、孤植树、行道树	检查树木支撑扎缚情况，出现扎缚松散和损坏现象应及时加固或更换，台风来临前采取必要的加固措施，如使用浪风绳、三角支撑等。
		园林建筑与构建物、树穴盖板、道路地坪、假山叠石、上下水、照明、果壳箱及垃圾堆场、园椅园桌、标牌、报廊、宣传廊、停车场、绿地内的文物和饲养的动物等	利用假期时间，对各类设施进行全面维护和保养，无法修缮和正常使用的，应及时更换，保证设施牢固、构件完好、完整无损、稳固安全、平整清洁；确保排灌设施能正常运转。
11	保洁*	树林、树丛、孤植树、行道树、花坛、花境、绿篱、造型植物、立体绿化、容器植物、草坪、草地、地被植物、竹类、水生植物、室内绿化	绿地内无陈积垃圾，水面无漂浮杂物，树干无悬挂物，树穴无垃圾；做好开学前校园环境整治工作。
12	水体维护*	河湖、池塘、水池、喷泉	景观优美，保持设计要求；驳岸安全稳固、无缺损；安全警示标志完好无损；循环、动力设施正常运转；控制各类污水、污染物进入水体，清除枯枝落叶、渣屑漂浮物和藻、萍等浮游生物；如水体富营养化，藻类蔓延，宜采用除藻剂，应隔天使用1次，连续两星期，宜在气温不高的阴天使用。
13	机具保养	草坪车、轧草机、割灌机、绿篱剪、各类手动工具等	机械设备日常维护、保养，保持良好性能，能安全、正常、随时使用；手动工具刃口锋利，保持其完整度和整洁度。
14	废弃物利用	树枝、杂草、草屑、落叶、植物残体、余土等	规范堆放，防火、防虫；有条件的可将粉碎的树枝、落叶、杂草等进行堆肥。

注：表中标 * 号的为本月重点工作。

八月（绿化养护技术规程）主要病虫害防治图例

序号	病虫害名称	危害植物名称	图例
01	悬铃木方翅网蝽 （若虫、成虫）	悬铃木	
02	梨网蝽 （若虫、成虫）	梨、樱花、山楂、苹果、桃、海棠类等	
03	黄尾毒蛾 （幼虫）	桑、柳、枫杨、茶、悬铃木、珊瑚、蔷薇科植物等	
04	斜纹夜蛾 （幼虫、成虫）	各类草坪、地被、花卉等	
05	葱兰夜蛾 （幼虫）	葱兰、朱顶红等	

06	稻贪灰翅夜蛾 （幼虫）	高羊茅、早熟禾、矮生 百慕达、结缕草等	
07	樟巢螟 （危害后期虫巢）	香樟	
08	刺蛾类 （幼虫、成虫）	悬铃木、杨、柳、枫杨、 榆、樱花、桃、乌桕、 枫香、桂花等	
09	天牛类 （幼虫、成虫）	悬铃木、杨、柳、榆、槐、 桑、乌桕、苦楝、海棠类、 槭树类等	
10	咖啡木蠹蛾 （幼虫）	樱花、石榴、海棠、无 患子、乌桕等	
11	蛴螬类 （幼虫、成虫）	草坪、麦冬等	

九月校园绿化养护技术规程

上海地区：平均最高温度 27.2℃，平均最低温度 20.6℃，平均降水量 137.3mm。

序号	作业项目	实施对象			具体措施和要求	
		病虫害名称	危害植物	时间	方法
01	有害生物防控*	梨网蝽（若虫、成虫）	梨、樱花、山楂、苹果、桃、海棠类等	9月上旬	保护和利用草蛉、蚂蚁、蜘蛛等天敌；喷施内吸性药剂（如 10% 吡虫啉 1500~3000 倍液、5% 啶虫脒 2000 倍液、70% 艾美乐 13000~15000、25% 阿克泰 8000~10000 倍液等）1~2 次，间隔 10~15 天。
		蚜虫	珊瑚、月季、海棠类、紫藤、油麻藤、红叶李、绣线菊、夹竹桃等	9月	保持植物通风透光，通过剪除有虫的嫩叶、嫩枝，有效降低虫口密度；药剂防治同"梨网蝽"。
		重阳木锦斑蛾（幼虫）	重阳木	9月中下旬	药剂防治可用触杀性和胃毒性药剂（如 25% 灭幼脲 3 号 2000~2500 倍液、1.2% 烟参碱 800~1000 倍液、森得保 1000~1500 倍液等）充分喷洒。
		斜纹夜蛾（幼虫、成虫）*	各类草坪、地被、花卉等	9月上旬	用性信息素诱捕器或频振式杀虫灯诱杀成虫，有效降低产卵量，减少幼虫危害。低龄幼虫期用触杀性或者胃毒性药剂（如 1.2% 烟参碱 800~1000 倍液、25% 灭幼脲 3 号 2000~2500 倍液等），高龄幼虫期用病毒制剂（如"虫瘟一号"1000~1200 倍液）喷雾防治。

		稻切叶螟、稻贪叶夜蛾（幼虫）*	高羊茅、早熟禾、矮生百慕达、结缕草等	9月上旬	为害期喷施胃毒性药剂（如40%乐斯本1500倍液、10%米满1000倍液等）药剂。
		刺蛾类（幼虫、成虫）	悬铃木、杨、柳、枫杨、榆、樱花、桃、乌桕、枫香、桂花等	9月上旬	成虫羽化期用黑光灯诱杀，保护上海青蜂、刺蛾广肩小蜂、赤眼蜂等天敌或人工饲养针对性释放。药防采用生物农药[苏云金杆菌（Bt）800~1000倍液等]进行喷洒防治。
		乌桕毒蛾（幼虫）*	乌桕、枫香、重阳木等	9月中下旬	利用黑光灯诱杀成虫，药剂防治可用触杀性和胃毒性药剂（如25%灭幼脲3号2000~2500倍液、1.2%烟参碱800~1000倍液、森得保1000~15000倍液等）充分喷洒。
		天牛类（幼虫）	悬铃木、杨、柳、榆、槐、桑、乌桕、苦楝、海棠类、槭树类等	9月上旬	钩杀幼虫或蛀孔注药。
		蛴螬类（幼虫）*	草坪、麦冬等	9月	幼虫为害期施用辛硫磷乳油1000~1500倍液、奥力克乳剂500倍液浇灌，毒杀幼虫和成虫，随配随用。
		悬铃木白粉病	悬铃木	9月	采用白粉病防治药剂（如20%粉锈宁1000~1500倍液、12.5%腈菌唑1500~2000倍液、12.5%力克菌2000~3000倍液等）叶面喷雾，每周1次，连防3次。
		月季黑斑病	月季、蔷薇等	9月	出现黑斑病症状的采用治疗性药剂（如12.5%力克菌2000~3000倍液、70%甲基硫

				菌灵 1500~2000 倍液等）进行叶面喷雾 2~3 次，每次间隔 10~15 天，等到病情不再扩展，再改为使用保护性药剂预防。
		金叶女贞叶斑病（发病高峰）*	金叶女贞	9月	每隔 10~15 天喷施 1 次保护性杀菌剂（如 80% 大生 500~800 倍液），如叶片已出现发病症状则喷施治疗性杀菌剂（如 70% 甲基硫菌灵 1500~2000 倍液、12.5% 力克菌 2000~3000 倍液等），连续 2~3 次。
02	修剪	绿篱、色块及各类球类*	珊瑚、瓜子黄杨、红花檵木、金叶女贞、大叶黄杨、红叶石楠等	9月底	完成国庆节前整形修剪，结合病虫害防治，剪除、处理受危害的枝条和叶片。
		乔木类树种： 花灌木类树种：			疏除过密枝、并立枝、弱枝、交叉枝、病虫枝、下垂枝、死枝及影响树冠圆正的徒长枝。
		草花花坛、花境、地被植物	一二年生草花，多年生宿根、球根花卉等		除去枯、病、残花枝叶，同时做好分栽、翻种、分隔、施肥、病虫害防治等工作。
		草坪	各类草坪		根据草坪功能和性质及时割轧，清理残草，同时做好切边工作；混播型草坪进行疏草。
03	浇水与排水	树林、树丛、孤植树、行道树、花坛、花境、绿篱、造型植物、立体绿化、容器植物、草坪、草地、地被植物、竹类、室内绿化			根据气候条件进行浇水，在久旱、土壤干燥时应及时适时适量浇水，夏季浇水应在清晨和傍晚；容器植物、室内绿化及时补水；追播草坪保持土壤湿润。
04	控制杂草*	树林、树丛、草坪、草地、竹类、绿篱、造型植物、水生植物、室内绿化			采取人工挑除和化学药剂相结合的方法控制杂草，绿地内无大型、恶性及缠绕性杂草。

05	施肥	竹类	高温季节不宜施肥；竹类可施尿素等速效肥。
06	局部调整	树林、树丛、孤植树、行道树、花坛、花境、绿篱、造型植物、地被植物	做好调整区域内植物的养护工作。
07	复壮更新	行道树、花境、绿篱、造型植物、草坪、草地、地被植物	补植更新的植物应与原植物品种、规格一致，精心加强养护。
		花坛	换花的空置期不应超过 10 天，空置期内应对花坛土壤翻晒或药物消毒，并施腐熟有机肥；土壤过多应适当去除，土壤不足应适当加土；花坛的模纹线条应保持清晰，弧度流畅（迎新前必须完成）。
		暖季型草坪上追播冷季型草 *	播种前低修剪，留茬高度小于 3cm，草脚厚的草坪进行疏草；全面喷施杀虫剂，消除叶面害虫；黑麦草每平方米追播量 20~25g，草地早熟禾每平方米追播量 8~10g，播种后必须均匀喷水保持土壤湿润，直至出苗，后转入正常养护。
08	土壤保育	树林、树丛、孤植树、行道树、花坛、花境、绿篱、造型植物、立体绿化、容器植物、草坪、草地、地被植物、竹类	土壤酸碱度调节；盐碱土改良；施肥遵循"薄肥勤施"的原则，宜和灌水结合，安全、卫生施肥。
09	防灾防护 *	树林、树丛、孤植树、行道树、花境、绿篱、造型植物、立体绿化、容器植物	台风季节加强巡查，发现树枝折断、撕裂及时剪除，发现树木倾斜或倒伏，及时采取疏枝扶正、加固树身、扎缚支撑等措施；高温季节应防日灼，遭日灼的植株应清理和平整伤口，涂防腐剂和生长素，灼伤的树木应适地适树调迁或遮荫挡光。喜荫类或不耐日灼的花境植物应遮荫；容器植物应遮荫、防雨，及时排水，盆体清洁稳固；屋顶绿化应特别注意防风、防日灼。

10	设施维护	树林、孤植树、行道树	检查树木支撑扎缚情况，出现扎缚松散和损坏现象应及时加固或更换，台风来临采取必要的加固措施，如使用浪风绳、三角支撑等。
		园林建筑与构建物、树穴盖板、道路地坪、假山叠石、上下水、照明、果壳箱及垃圾堆场、园椅园桌、标牌、报廊、宣传廊、停车场、绿地内的文物和饲养的动物等	应保持设施牢固、构件完好、完整无损、稳固安全、平整清洁，影响行人安全或缺失的设施应及时调整修复；确保排灌设施能正常运转。
11	保洁	树林、树丛、孤植树、行道树、花坛、花境、绿篱、造型植物、立体绿化、容器植物、草坪、草地、地被植物、竹类、水生植物、室内绿化	绿地内无陈积垃圾，水面无漂浮杂物，树干无悬挂物，树穴无垃圾。
12	水体维护*	河湖、池塘、水池、喷泉	景观优美,保持设计要求;驳岸安全稳固、无缺损；安全警示标志完好无损；循环、动力设施正常运转；控制各类污水、污染物进入水体，清除枯枝落叶、渣屑漂浮物和藻、萍等浮游生物；如水体富营养化，藻类蔓延，宜采用除藻剂，应隔天使用1次，连续两星期，宜在气温不高的阴天使用。
13	机具保养	草坪车、轧草机、割灌机、绿篱剪、各类手动工具等	机械设备日常维护、保养，保持良好性能，能安全、正常、随时使用；手动工具刃口锋利，保持其完整度和整洁度。
14	废弃物利用	树枝、杂草、草屑、落叶、植物残体、余土等	规范堆放，防火、防虫；有条件的可将粉碎的树枝、落叶、杂草等进行堆肥。

注：表中标 * 号的为本月重点工作。

九月（绿化养护技术规程）主要病虫害防治图例

序 号	病虫害名称	危害植物名称	图 例
01	梨网蝽 （若虫、成虫）	梨、樱花、山楂、苹果、桃、海棠类等	
02	蚜虫	珊瑚、月季、海棠类、紫藤、油麻藤、红叶李、绣线菊、夹竹桃等	
03	重阳木锦斑蛾 （幼虫）	重阳木	
04	斜纹夜蛾 （幼虫、成虫）	各类草坪、地被、荷花、花卉等	
05	蛴螬类 （幼虫）	草坪、麦冬等	
06	悬铃木白粉病	悬铃木	

07	月季黑斑病	月季、蔷薇等	
08	金叶女贞叶斑病（发病高峰后易形成秃杆）	金叶女贞	
09	稻贪叶夜蛾（幼虫）	高羊茅、早熟禾、矮生百慕达、结缕草等	
10	刺蛾类（幼虫、成虫）	悬铃木、杨、柳、枫杨、榆、樱花、桃、乌桕、枫香、桂花等。	
11	乌桕毒蛾（幼虫）	乌桕、枫香、重阳木等	
12	天牛类（幼虫）	悬铃木、杨、柳、榆、槐、桑、乌桕、苦楝、海棠类、槭树类等	
13	稻切叶螟（幼虫）	高羊茅、早熟禾、矮生百慕达、结缕草等	

十月校园绿化养护技术规程

上海地区：平均最高温度 22.6℃，平均最低温度 15.1℃，平均降水量 62.5mm。

序 号	作业项目	实施对象			具体措施和要求
		病虫害名称	危害植物	时 间	方 法
01	有害生物防控*	青桐木虱（若虫、成虫）	青桐	10月上旬	采用内吸性药剂（如 10% 吡虫啉 1500~3000 倍液、5% 啶虫脒 2000 倍液等）进行叶面喷洒，1~2 次，每次间隔两周。
		合欢羞木虱（若虫、成虫）	合欢、梨、苹果、槐等	10月上旬	
		黑刺粉虱（若虫、成虫）	香樟、腊梅、月季、丁香、山茶、柑橘等	10月上旬	
		悬铃木方翅网蝽（若虫、成虫）*	悬铃木	10月	
		斜纹夜蛾（幼虫、成虫）	各类草坪、地被、花卉等	10月	用性信息素诱捕器或频振式杀虫灯诱杀成虫，有效降低产卵量，减少幼虫危害。低龄幼虫期用触杀性或者胃毒性药剂（如 1.2% 烟参碱 800~1000 倍液、25% 灭幼脲 3 号 2000~2500 倍液等），高龄幼虫期用病毒制剂（如"虫瘟一号" 1000~1200 倍液）喷雾防治。
		葱兰夜蛾（幼虫）	葱兰、朱顶红等	10月	可用触杀性和胃毒性药剂（如 25% 灭幼脲 3 号 2000~2500 倍液、1.2% 烟参碱 800~1000 倍液、森得保 1000~1500 倍液等）喷雾。
		稻切叶螟、稻贪叶夜蛾（幼虫）*	高羊茅、早熟禾、矮生百慕达、结缕草等	10月	为害期喷施胃毒性药剂（如 40% 乐斯本 1500 倍液、10% 米满 1000 倍液等）药剂。

		稻切叶螟、稻贪叶夜蛾（幼虫）*	高羊茅、早熟禾、矮生百慕达、结缕草等	10月	为害期喷施胃毒性药剂（如40%乐斯本1500倍液、10%米满1000倍液等）药剂。
		黄尾毒蛾（幼虫）	桑、柳、枫杨、茶、悬铃木、珊瑚、蔷薇科植物等	10月上旬	利用黑光灯诱杀成虫，药剂防治可用触杀性或者胃毒性药剂（如1.2%烟参碱1000倍液、森得保1000倍液、10%氯氰菊酯1500~2000倍液等）喷雾，利用天敌如广大腿小蜂、金小蜂等。
		蛴螬类（幼虫）*	草坪、麦冬等	10月	幼虫为害期施用辛硫磷乳油1000~1500倍液、奥力克乳剂500倍液浇灌，毒杀幼虫和成虫，随配随用。
		月季黑斑病	月季、蔷薇等	10月上中旬	发病时用治疗性药剂（如12.5%力克菌2000~3000倍液、70%甲基硫菌灵1500~2000等）液进行叶面喷洒。
02	修剪	绿篱、色块及各类球类	珊瑚、瓜子黄杨、红花檵木、金叶女贞、大叶黄杨、红叶石楠等	10月上旬	完成节前整形修剪，结合病虫害防治，剪除、处理受危害的枝条和叶片。
		乔木类树种：			
		常绿乔木	松柏类、女贞、广玉兰、石楠、枇杷等		为确保修剪的伤口尽快愈合，木质化枝条的修剪时间则春、秋均可。
		花灌木类树种：			
		当年分化型、夏秋分化型			修除枯枝、断枝、下垂枝、重叠枝、病虫枝等。
		其他	桂花		当年分化型，由于花期特殊，修剪时间为花后。

		草花花坛、花境、地被植物	一二年生草花，多年生宿根、球根花卉等	除去枯、病、残花枝叶，同时做好分栽、翻种、分隔、施肥、病虫害防治等工作。
		草坪 *	各类草坪	根据草坪功能和性质及时割轧，清理残草，同时做好切边工作；暖季型草坪做好追播前的疏草工作。
03	浇水与排水 *	树林、树丛、孤植树、行道树、花坛、花境、绿篱、造型植物、立体绿化、容器植物、草坪、草地、地被植物、竹类、室内绿化		根据气候条件进行浇水，在久旱、土壤干燥时应及时适时适量浇水；容器植物、室内绿化及时补水；追播草坪保持土壤湿润。
04	控制杂草 *	树林、树丛、草坪、草地、竹类、水生植物、室内绿化		人工挑除绿地内各类明显杂草，连根挑净，清理出场；必要时采用机械修剪、生物或化学药剂进行防治。
05	施肥	花坛、花境、立体绿化、容器绿化、草坪、草地、地被植物、室内绿化		采取根外追肥，需要及时矫治某种营养缺乏症；冷季型草、追播型草施有机肥 1 次。
06	局部调整	树林、树丛、孤植树、行道树、绿篱、造型植物		对绿地中布局不合理的乔灌木进行调整，主要方法有密中抽稀、移植、补植、修剪等，本月以调整针叶树、常绿阔叶树为主。
07	复壮更新	行道树、花坛、花境、绿篱、造型植物、草坪、草地、地被植物		落叶乔灌木应在秋季落叶以后土壤冰冻以前更新，常绿乔灌木应在秋季新梢停止生长以后霜降以前更新，更新的植物应与原植物品种、规格一致；常绿地被应于秋季进行补植更新；花坛根据实际情况更换缺失和死亡的植株，确保国庆期间花坛面貌优良。
		容器植物		植物根系占满栽植盆必须换盆，更换的盆与土壤必须消毒，土壤中宜增添适量高分子吸水剂；视植物长势，约两年翻盆 1 次；新盆应大于原盆 1 寸以上，盆底应垫排水层，上铺有效土壤，根系应舒展盆中，覆盖低于盆口 2~10cm 的土层，固定植株，表面宜覆盖陶粒或细石等。

		暖季型草坪上追播冷季型草 *	追播工作本月上旬必须结束，播种前对暖季型草坪低修剪，留茬高度小于3cm，草脚厚的草坪进行疏草；全面喷施杀虫剂，消除叶面害虫；黑麦草每平方米追播量20~25g，草地早熟禾每平方米追播量8~10g，播种后必须均匀喷水保持土壤湿润，直至出苗，后转入正常养护。
08	土壤保育	树林、树丛、孤植树、行道树、草坪、草地、花坛、花境	土壤酸碱度调节；盐碱土改良；施肥遵循"薄肥勤施"的原则，宜和灌水结合，安全、卫生施肥。
09	防灾防护	容器植物	容器植物中，秋花类宿根花卉和不耐寒的木本花卉应防寒越冬，并保持盆体清洁、稳固；同时准备冬季防寒保暖材料。
10	设施维护	树林、孤植树、行道树	检查树木支撑扎缚情况，拆除临时加固措施，拆除腐朽无效支撑。
		园林建筑与构建物、树穴盖板、道路地坪、假山叠石、上下水、照明、果壳箱及垃圾堆场、园椅园桌、标牌、报廊、宣传廊、停车场、绿地内的文物和饲养的动物等	应保持设施牢固、构件完好、完整无损、稳固安全、平整清洁，影响行人安全或缺失的设施应及时调整修复。
11	保洁	树林、树丛、孤植树、行道树、花坛、花境、绿篱、造型植物、立体绿化、容器植物、草坪、草地、地被植物、竹类、水生植物、室内绿化	绿地内无陈积垃圾，水面无漂浮杂物，树干无悬挂物，树穴无垃圾。
12	水体维护	河湖、池塘、水池、喷泉	景观优美，保持设计要求；驳岸安全稳固、无缺损；安全警示标志完好无损；循环、动力设施正常运转；控制各类污水、污染物进入水体，清除枯枝落叶、渣屑漂浮物和藻、萍等浮游生物。
13	机具保养	草坪车、轧草机、割灌机、绿篱剪、各类手动工具等	机械设备日常维护、保养，保持良好性能，能安全、正常、随时使用；手动工具刃口锋利，保持其完整度和整洁度。

| 14 | 废弃物利用 | 树枝、杂草、草屑、落叶、植物残体、余土等 | 规范堆放，防火、防虫；有条件的可将粉碎的树枝、落叶、杂草等进行堆肥，适时翻堆。 |

注：表中标 * 号的为本月重点工作。

十月（绿化养护技术规程）主要病虫害防治图例

序 号	病虫害名称	危害植物名称	图 例
01	青桐木虱 （若虫、成虫）	青桐	
02	合欢羞木虱 （若虫、成虫）	合欢、梨、苹果、槐等	
03	黑刺粉虱 （若虫、成虫）	香樟、腊梅、月季、丁香、山茶、柑橘等	
04	悬铃木方翅网蝽 （若虫、成虫）	悬铃木	
05	斜纹夜蛾 （幼虫、成虫）	各类草坪、地被、花卉等	

06	葱兰夜蛾 （幼虫）	葱兰、朱顶红等	
07	稻贪叶夜蛾 （幼虫）	高羊茅、矮生百慕达、结缕草等	
08	黄尾毒蛾 （幼虫）	桑、柳、枫杨、茶、悬铃木、珊瑚、蔷薇科植物等	
09	蛴螬类 （幼虫）	草坪、麦冬等	
10	月季黑斑病	月季、蔷薇等	
11	稻切叶螟 （幼虫）	高羊茅、矮生百慕达、结缕草等	

十一月校园绿化养护技术规程

上海地区：平均最高温度 17℃、平均最低温度 9.0℃、平均降水量 46.2mm。

序 号	作业项目	实施对象		具体措施和要求	
		病虫害名称	危害植物	时 间	方 法
01	有害生物防控 *	悬铃木方翅网蝽（成虫）	悬铃木	11 月	结合冬季修剪剥除黏附在树干表面的枯死树皮，杀灭越冬成虫，有效减少害虫越冬基数。
		毒蛾类（越冬幼虫）	悬铃木、石楠、珊瑚、枇杷等	11 月	秋冬结合清园破坏越冬场所，消灭部分越冬幼虫。
		袋蛾类（越冬幼虫）	悬铃木、重阳木、水杉、柳、槐、榆等	11 月	结合冬季修剪人工摘除护囊，消灭越冬幼虫。
		斜纹夜蛾、樟巢螟等土下越冬害虫	白花三叶草、香樟等	11 月	适当药物控制，结合冬翻杀死越冬害虫。
		天牛类（幼虫）	悬铃木、女贞、海棠、樱花、桃、柳等	11 月	钩杀幼虫或蛀孔注药。
		煤污病 *	香樟、雪松、广玉兰、白玉兰、构骨、枫杨、珊瑚等	11 月	树木进入休眠期后对病虫危害枝进行抽稀、修剪，增加树冠的通透性，如需防治蚧虫、粉虱、蚜虫等刺吸性害虫，可用内吸性药剂树干注射；清洗煤污可选用清洗类药剂（如花保、皂苷素）喷雾 2 次，每次间隔 1~2 天。
02	修剪 *	乔木类树种：			
		常绿乔木	常绿针叶树和常绿阔叶树		修除枯枝、断枝、下垂枝、重叠枝、病虫枝等。

		花灌木类树种：		
		当年分化型	溲疏、锦带花、紫薇、木槿、石榴、红叶李、紫荆、柑橘、夹竹桃等	在夏秋季节开花的树种，可以开始修剪。
		草花花坛、花境、地被植物	一二年生草花，多年生宿根、球根花卉等	及时修除枯萎的残蕾、残花、残枝等，剪除生长过密和生长势弱的枝条。
		草坪	各类草坪	做好越冬前修剪和切边工作；追播的冷季型草及时修剪。
03	浇水与排水	树林、树丛、孤植树、行道树、花坛、花境、绿篱、造型植物、立体绿化、容器植物、草坪、草地、地被植物、竹类、室内绿化		根据气候条件进行浇水，在久旱、土壤干燥时应及时适时适量浇水；容器植物、室内绿化及时补水。
04	控制杂草	树林、树丛、孤植树、行道树、花坛、花境、绿篱、造型植物、立体绿化、容器植物、草坪、草地、地被植物、竹类、水生植物、室内绿化		采取人工挑除的方法控制杂草，绿地内无大型、恶性及缠绕性杂草。
05	施肥	花境		花境植物越冬休眠期前至少追肥1次。
06	局部调整	树林、树丛、孤植树、行道树、绿篱、造型植物		对绿地中布局不合理的乔灌木进行调整，主要方法有密中抽稀、移植、补植、修剪等，本月以调整落叶树为主。
07	复壮更新	行道树、花境、绿篱、造型植物、草坪、草地、地被植物		落叶乔灌木应在秋季落叶以后土壤冰冻以前更新；常绿乔灌木应在秋季新梢停止生长以后，霜降以前更新；当草坪枯草层增厚，草层及土层通气差，空秃严重，杂草入侵明显，必须复壮更新；常绿地被应于秋季进行补植更新。
		花坛		换花的空置期不应超过10天，空置期内应对花坛土壤翻晒或药物消毒，并施腐熟有机肥；土壤过多应适当去除，土壤不足应适当加土；花坛的模纹线条应保持清晰，弧度流畅。

08	土壤保育	树林、树丛、孤植树、行道树、草坪、草地、花坛、花境	土壤酸碱度调节；盐碱土改良；施肥遵循"薄肥勤施"的原则，宜和灌水结合，安全、卫生施肥。
09	防灾防护*	部分棕榈科植物、容器植物等	种植于寒风口的不耐寒树木，小气候恶劣且生长不良的树木，应采取防冻措施；容器植物保持盆体清洁、稳固。
10	设施维护*	树林、孤植树、行道树、古树名木	检查树木支撑扎缚情况，拆除临时加固措施，拆除腐朽无效支撑。
		园林建筑与构建物、树穴盖板、道路地坪、假山叠石、上下水、照明、果壳箱及垃圾堆场、园椅园桌、标牌、报廊、宣传廊、停车场、绿地内的文物和饲养的动物等	对各类设施进行全面维护和保养，无法修缮和正常使用的，应及时更换，保证设施牢固、构件完好、完整无损、稳固安全、平整清洁；排灌设施进行保养和维护。
11	保洁	树林、树丛、孤植树、行道树、花坛、花境、绿篱、造型植物、立体绿化、容器植物、草坪、草地、地被植物、竹类、水生植物、室内绿化	绿地内无陈积垃圾，水面无漂浮杂物，树干无悬挂物，树穴无垃圾。
12	水体维护	河湖、池塘、水池、喷泉	景观优美，保持设计要求；驳岸安全稳固、无缺损；安全警示标志完好无损；循环、动力设施正常运转；控制各类污水、污染物进入水体，清除枯枝落叶、渣屑漂浮物和藻、萍等浮游生物。
13	机具保养	草坪车、轧草机、割灌机、绿篱剪、各类手动工具等	机械设备日常维护、保养，保持良好性能，能安全、正常、随时使用；手动工具刃口锋利，保持其完整度和整洁度。
14	废弃物利用	树枝、杂草、草屑、落叶、植物残体、余土等	规范堆放，防火、防虫；有条件的可将粉碎的树枝、落叶、杂草等进行堆肥。

注：表中标 * 号的为本月重点工作。

十一月（绿化养护技术规程）主要病虫害防治图例

序号	病虫害名称	危害植物名称	图例
01	悬铃木方翅网蝽 （成虫）	悬铃木	
02	毒蛾类 （越冬幼虫）	悬铃木、石楠、珊瑚、枇杷等	
03	袋蛾类 （越冬幼虫）	悬铃木、重阳木、水杉、柳、槐、榆等	
04	樟巢螟老熟幼虫下土结茧越冬	香樟	
05	天牛类 （幼虫）	悬铃木、女贞、海棠、樱花、桃、柳等	

| 06 | 煤污病 | 香樟、雪松、广玉兰、白玉兰、构骨、枫杨、珊瑚等 | |
| 07 | 斜纹夜蛾老熟幼虫下土结茧越冬 | 白花三叶草 | |

十二月校园绿化养护技术规程

上海地区：平均最高温度 11.1℃，平均最低温度 3.0℃，平均降水量 37.1mm。

序 号	作业项目	实施对象		具体措施和要求	
		病虫害名称	危害植物	时 间	方 法
01	有害生物防控 *	刺蛾类（茧）	悬铃木、杨、柳、枫杨、重阳木、榆、樱花、香樟、梨、乌桕、刺槐、桂花等	12 月	人工击破枝干上的越冬茧或在被害植株根际近表土层中挖掘虫茧，集中销毁，减少越冬基数。
		斜纹夜蛾、樟巢螟等土下越冬害虫	白花三叶草、香樟等	12 月	适当药物控制，结合冬翻杀死越冬害虫。
		天牛类（越冬幼虫）	悬铃木、女贞、海棠、樱花、桃、柳等	12 月	钩杀幼虫或蛀孔注药。
		煤污病（蚧壳虫冬防）	香樟、雪松、广玉兰、白玉兰、构骨、枫杨、珊瑚等	12 月	树木进入休眠期后对病虫危害枝进行抽稀、修剪，增加树冠的通透性，如需防治蚧虫、粉虱、蚜虫等刺吸性害虫，可用内吸性药剂树干注射；清洗煤污可选用清洗类药剂（如花保、皂苷素）喷雾 2 次，每次间隔 1~2 天。
		草坪冻害 *	高羊茅等冷季型草坪	12 月	12 月中旬使用 1 次氮肥，每平方米用量 10~20g，提高草坪抗冻害能力。
		树干涂白	行道树、桃、柳、樱花等	12 月	配制涂白剂的一般常用配方是：水 10 份，生石灰 3 份，石硫合剂原液 0.5 份，食盐 0.5 份,油脂（动植物油均可）少许。配制时要先化开石

				灰，把油脂倒入后充分搅拌，再加水拌成石灰乳，最后放入石硫合剂及盐水，也可加黏着剂，能延长涂白的期限。
02	修剪*	乔木类树种：		
		落叶乔木	落叶型的行道树、庭园树为主，如银杏、水杉、杨、柳、榆、悬铃木等	最适宜冬季休眠期修剪，但要避开冰冻天。
		花灌木类树种：		
		当年分化型	溲疏、锦带花、紫薇、木槿、石榴、红叶李、紫荆、柑橘、夹竹桃等	在夏秋季节开花的树种，可以从容地在冬季修剪，避开冰冻天即可。
		多次分化型	月季、蔷薇等	冬季整形修剪。
		其他	牡丹、八仙花、丁香等	夏秋分化型中的混合芽类，可冬季修剪。
		草花花坛、花境、地被植物	一二年生草花，多年生宿根、球根花卉等	除去枯、病、残花枝叶等工作。
		草坪*	黑麦草等冷季型草	根据冷季型草的生长情况及时修剪，高度控制在 6~7cm 同时做好切边工作。
03	浇水与排水	树林、树丛、孤植树、行道树、花坛、花境、绿篱、造型植物、立体绿化、容器植物、草坪、草地、地被植物、竹类、室内绿化		冬季浇水宜在午间须一次浇透，冰冻天不应浇水；梳理绿地内的排水沟；一般容器植物托盘内不得有积水。
04	控制杂草	树林、树丛、孤植树、行道树、花坛、花境、绿篱、造型植物、立体绿化、容器植物、草坪、草地、地被植物、竹类、水生植物、室内绿化		绿地内越冬的大型杂草必须连根铲除；草坪、地被中的杂草控制在不明显影响景观面貌的范围内；当天挑除的杂草应集中收集，统一处理。

05	施肥*	树林、树丛、孤植树、行道树、花坛、花境、绿篱、造型植物、立体绿化、容器植物、草坪、草地、地被植物、竹类、水生植物、室内绿化	冬季宜施有机肥；立体绿化应施1次腐熟有机肥；暖季型草、追播型草施有机肥1次。
06	局部调整	树林、树丛、孤植树、行道树、花坛、花境、绿篱、造型植物、地被植物	制定调整计划。
07	复壮更新	树林、树丛、孤植树、行道树、花坛、花境、立体绿化、地被植物、竹类	通过补植而更新的落叶树应与原植物品种、规格相同；落叶地被应于休眠期进行补植更新；散生竹冬季更新间伐，除去老竹。
08	土壤保育*	树林、树丛、孤植树、行道树、草坪、草地	施基肥时必须与土壤混匀，不得将肥料直接放在根系上；肥料必须施在距树冠外缘投影2/3的树木吸收根处。
09	防灾防护*	树林、树丛、孤植树、花境、绿篱、造型植物、立体绿化、容器植物、部分棕榈科植物	初冬时修除木质化不充实的徒长枝、嫩秋梢；宜采用地面覆盖、搭风障和刷白保护树体等方法；包扎树的材料应选择透气材料，并且注意保护根颈部位；包干材料应牢固；降雪前应对枝条过密的树木，尤其对树冠浓密的常绿乔灌木进行疏枝，对易折断的枝条应支撑，雪后及时清除枝叶上的积雪；耐寒性较弱的花境植物应采取防寒越冬保护；不耐寒的植物宜采用根际培土或用草片包裹等防寒措施；容器植物应保持盆体清洁、稳固。
10	设施维护	树林、孤植树、行道树	检查树木支撑扎缚情况，拆除腐朽无效支撑；扶正落叶树。
		园林建筑与构建物、树穴盖板、道路地坪、假山叠石、上下水、照明、果壳箱及垃圾堆场、园椅园桌、标牌、报廊、宣传廊、停车场、绿地内的文物和饲养的动物等	应保持设施牢固、构件完好、完整无损、稳固安全、平整清洁，影响行人安全或缺失的设施应及时调整修复；确保动物无疫情。

11	保洁	树林、树丛、孤植树、行道树、花坛、花境、绿篱、造型植物、立体绿化、容器植物、草坪、草地、地被植物、竹类、水生植物、室内绿化	绿地内无陈积垃圾，水面无漂浮杂物，树干无悬挂物，树穴无垃圾。
12	水体维护	河湖、池塘、水池、喷泉	景观优美，保持设计要求；驳岸安全稳固、无缺损；安全警示标志完好无损；循环、动力设施正常运转；冬季结合疏竣，清除水底淤泥，减少有机物的积累。
13	机具保养*	草坪车、轧草机、割灌机、绿篱剪、各类手动工具等	机械设备冬季保养，保持良好性能，安全过冬；手动工具刃口锋利，保持其完整度和整洁度。
14	废弃物利用*	树枝、杂草、草屑、落叶、植物残体、余土等	规范堆放，防火、防虫；有条件的可将粉碎的树枝、落叶、杂草等进行堆肥，堆肥原料大致比为吸附物：酿熟物：粪引物＝5：3：2。

注：表中标*号的为本月重点工作。

十二月（绿化养护技术规程）主要病虫害防治图例

序 号	病虫害名称	危害植物名称	图 例
01	刺蛾类（茧）	悬铃木、、杨、柳、枫杨、重阳木、榆、樱花、香樟、梨、乌桕、刺槐、桂花等	
02	樟巢螟等土下越冬害虫	香樟等	
03	天牛类（越冬幼虫）	悬铃木、女贞、海棠、樱花、桃、柳等	
04	煤污病（蚧壳虫冬防）	香樟、雪松、广玉兰、白玉兰、构骨、枫杨、珊瑚等	
05	树干涂白	行道树、桃、柳、樱花等	
06	斜纹夜蛾老熟幼虫下土结茧越冬	白花三叶草	

附 录

附录一

上海市绿化条例

上海市人民代表大会常务委员会公告

第 73 号

《上海市绿化条例》已由上海市第十二届人民代表大会常务委员会第三十三次会议于 2007 年 1 月 17 日通过，现予公布，自 2007 年 5 月 1 日起施行。

上海市人民代表大会常务委员会

2007 年 1 月 17 日

第一章 总则

第一条 为了促进本市绿化事业的发展，改善和保护生态环境，根据国务院《城市绿化条例》和其他有关法律、行政法规，结合本市实际情况，制定本条例。

第二条 本条例适用于本市行政区域内种植和养护树木花草等绿化的规划、建设、保护和管理。

古树名木和古树后续资源的管理，按照《上海市古树名木和古树后续资源保护条例》的规定执行；林地、林木的管理，按照有关法律、法规的规定执行。

第三条 市和区、县人民政府应当将绿化建设纳入国民经济和社会发展计划，保障公共绿地建设和养护经费的投入。

乡、镇人民政府和街道办事处根据所在区、县人民政府的要求，开展本辖区内有关的绿化工作。

第四条 市人民政府绿化行政管理部门（以下简称市绿化管理部门），负责本市行政区域内的绿化工作；区、县管理绿化的部门（以下称区、县绿化管理部门）负责本辖区内绿化工作，按照本条例的规定实施行政许可和行政处罚，业务上受市绿化管理部门的指导。

本市其他有关部门，按照各自职责，协同实施本条例。

第五条 市和区县、街道、乡镇的绿化委员会应当组织、推动全民义务植树活动和群众性绿化工作。

单位和有劳动能力的适龄公民应当按照国家有关规定，履行植树的义务。

鼓励单位和个人以投资、捐资、认养等形式，参与绿化的建设和养护。捐资、认养的单位或者个人可以享有绿地、树木一定期限的冠名权。

第六条 本市加强绿化科学研究，保护植物多样性，鼓励选育与引进适应本市自然条件的植物，优化植物配置，推广生物防治病虫害技术，促进绿化科技成果的转化。

第七条 任何单位和个人都有享受良好绿化环境的权利，有保护绿化和绿化设施的义务，对破坏绿化和绿化设施的行为，有权进行劝阻、投诉和举报。

对绿化工作做出显著成绩的单位和个人，各级人民政府应当给予表彰或者奖励。

第二章 规划和建设

第八条 市绿化管理部门应当根据本市经济、社会发展状况和绿化发展需要，编制市绿化系统规划，经市规划管理部门综合平衡，报市人民政府批准后纳入城市总体规划。

区、县绿化管理部门应当根据市绿化系统规划，结合本区、县实际，编制区、县绿化规划，经区、县规划管理部门综合平衡后，报区、县人民政府批准；区、县人民政府在批准前应当征求市绿化管理部门的意见。

第九条 市绿化系统规划应当明确本市绿化目标、规划布局、各类绿地的面积和控制原则。

区、县绿化规划应当明确各类绿地的功能形态、分期建设计划和建设标准。

编制、调整市绿化系统规划和区、县绿化规划，有关部门在报批前应当采取多种形式听取利益相关公众的意见。

第十条 规划管理部门应当会同同级绿化管理部门根据控制性编制单元规划、市绿化系统规划、区县绿化规划，确定各类绿地的控制线（以下简称绿线），并向社会公布。

绿线不得任意调整，因城市建设确需调整的，规划管理部门应当征求市绿化管理部门的意见，并按照规划审批权限报原审批机关批准。

调整绿线不得减少规划绿地的总量。因调整绿线减少规划绿地的，应当落实新的规划绿地。

第十一条 公共绿地周边新建建设项目，应当与绿地的景观相协调，并不得影响植物的正常生长。

规划管理部门在编制控制性详细规划时，应当会同同级绿化管理部门在公园绿地周边划定一定范围的控制区。控制区内禁止建设超过规定高度的建筑物、构筑物，具体管理办法由市规划管理部门会同市绿化管理部门另行制定。

第十二条 重要地区和主要景观道路两侧新建建设项目，应当在建设项目沿道路一侧设置一定比例和宽度的集中绿地。具体的比例和宽度由规划管理部门在审核建设项目规划设计方案时，经征求同级绿化管理部门意见后确定。

第十三条 居住区绿化应当合理布局，选用适宜的植物种类，综合考虑居住环境与采光、通风、安全等要求。

第十四条 本市绿地建设按照下列规定分工负责：

（一）公共绿地，由市或者区、县绿化管理部门负责建设或者组织建设，其中，道路绿地由市政管理部门负责建设；

（二）新建居住区绿地，由建设单位负责建设；

（三）单位附属绿地，由所在单位负责建设；

（四）铁路、河道管理范围内的防护绿地，分别由铁路、水务管理部门负责建设。

前款规定以外的绿地，由所在地区、县人民政府确定建设单位。

第十五条 建设项目绿地面积占建设项目用地总面积的配套绿化比例，应当达到下列标准：

（一）新建居住区内绿地面积占居住区用地总面积的比例不得低于百分之三十五，其中用于建设集中绿地的面积不得低于居住区用地总面积的百分之十；按照规划成片改建、扩建居住区的绿地面积不得低于居住区用地总面积的百分之二十五。

（二）新建学校、医院、疗休养院所、公共文化设施，其附属绿地面积不得低于单位用地总面积的百分之三十五；其中，传染病医院还应当建设宽度不少于五十米的防护绿地。

（三）新建工业园区附属绿地总面积不得低于工业园区用地总面积的百分之二十，工业园区内各项目的具体绿地比例，由工业园区管理机构确定；工业园区外新建工业项目以及交通枢纽、仓储等项目的附属绿地，不得低于项目用地总面积的百分之二十；新建产生有毒有害气体的项目的附属绿地面积不得低于工业项目用地总面积的百分之三十，并应当建设宽度不少于五十米的防护绿地。

（四）新建地面主干道路红线内的绿地面积不得低于道路用地总面积的百分之二十；新建其他地面道路红线内的绿地面积不得低于道路用地总面积的百分之十五。

（五）新建铁路两侧防护绿地宽度按照国家有关规定执行。

（六）其他建设项目绿地面积占建设项目用地总面积的最低比例，由市绿化管理部门参照上述规定另行制定。

在历史文化风貌保护区和优秀历史建筑保护范围内进行建设活动，不得减少原有的绿地面积。

本市有关管理部门在审批建设项目的计划、设计方案、建设工程规划许可证时，应当按照本条前两款的规定执行。确因条件限制而绿地面积达不到前两款规定的建设项目，规划管理部门在审批建设工程规划许可证时，应当征求绿化管理部门的意见；建设单位应当按照所缺的绿地面积向绿化管理部门缴纳绿化补建费。绿化补建费应当上缴同级财政，专款专用，由绿化管理部门在建设项目所在区、县范围内安排绿化建设。

第十六条 新建、扩建道路时，应当种植行道树。行道树的种植，应当符合行车视线、行车净空和行人通行的要求。

行道树应当选择适宜的树种，其胸径不得小于八厘米。

第十七条 本市鼓励发展垂直绿化、屋顶绿化等多种形式的立体绿化。

新建机关、事业单位以及文化、体育等公共服务设施建筑适宜屋顶绿化的，应当实施屋顶绿化。

第十八条 绿化工程的设计、施工、监理，应当符合国家和本市有关设计、施工、监理的技术标准和规范，并由具有相应资质的单位承担。

第十九条 下列绿化工程建设项目，应当按照公开、公平、公正的原则，通过招标方式确定设计、施工单位，并实行监理制度：

（一）关系社会公共利益和公共安全的大型基础设施绿化工程建设项目；

（二）全部或者部分使用国有资金投资或者国家融资的绿化工程建设项目；

（三）使用国际组织或者外国政府贷款、援助资金的绿化工程建设项目；

（四）法律或者国务院规定的其他绿化工程建设项目。

第二十条 绿化工程开工前，建设单位应当向建设工程管理机构申请领取建设工程施工许可证。

市或者区、县绿化管理部门在组织建设公共绿地时，应当组织专家对其设计方案进行论证，并征求社会公众意见。其中，建设四万平方米以上的公共绿地，应当配备相应的公共服务设施。

建设项目中的配套绿化应当与主体工程同时完成，确因季节原因不能同时完成的，完成绿化的时间不得迟于主体工程交付使用后的六个月。

绿化工程竣工验收前，建设单位应当拆除绿地范围内的临时设施。

第二十一条 绿化工程建设单位应当按照国家和本市的有关规定向市建设工程质量监督机构办理工程质量、安全监督手续。

绿化工程开工前，建设单位应当将设计、施工、监理合同，以及施工总平面图和工程项目明细清单报市绿化管理部门备案。

第二十二条 公共绿地建设工程竣工后，市或者区、县绿化管理部门应当组织验收，验收合格后方可交付使用。

含有配套绿化的建设项目，组织该建设项目竣工验收的单位，应当通知市或者区、县绿化管理部门参加验收。建设单位应当在验收合格之日起十五个工作日内将配套绿化竣工图和验收结果报送市或者区、县绿化管理部门。

第三章 监督管理

第二十三条 绿地、行道树的养护单位按照下列规定确定：

（一）公共绿地、行道树，由市或者区、县绿化管理部门负责养护或者落实养护单位；

（二）居住区绿地，由业主委托的物业管理企业或者业主负责养护；

（三）单位附属绿地，由所在单位负责养护；

（四）铁路、河道管理范围内的防护绿地，分别由铁路、水务管理部门负责养护。

前款规定以外的绿地，由所在地区、县绿化管理部门确定养护单位。

建设工程范围内保留的树木，在建设期间由建设单位负责养护。

养护单位应当按照国家和本市绿地、行道树的养护技术标准进行养护。

第二十四条 公共绿地和行道树全部或者部分使用国有资金进行养护的，应当通过招标方式确定养护单位。

第二十五条 养护单位应当根据树木生长情况，按照国家和本市有关树木修剪技术规范定期对树木进行修剪。

因树木生长影响管线、交通设施等公共设施安全的，管线或者交通设施管理单位可以向区、县绿化管理部门提出修剪请求。区、县绿化管理部门应当按照兼顾设施安全使用和树木正常生长的原则组织修剪。

发生自然灾害或者突发性事故导致树木影响架空线安全的，架空线权属单位可以先行修剪树木或者采取其他处理措施，并同时向所在地区、县绿化管理部门报告。

居住区内的树木生长影响居民采光、通风和居住安全，居民提出修剪请求的，养护单位应当按照有关规定及时组织修剪。

第二十六条 建设单位新建下列管线、设施或者新种树木，应当符合下列规定：

（一）地下管线外缘与行道树树干外缘的水平距离不小于零点九五米；

（二）架设电杆、设置消防设备等，与树干外缘的水平距离不小于一点五米。

在新建绿地或者规划绿地区域内进行地下设施建设的，地下设施上缘应当留有符合植物生长要求的覆土层，并符合国家和本市有关技术规范。

第二十七条 禁止擅自迁移树木。

因下列原因确需迁移树木的，建设、养护单位或者业主应当向市或者区、县绿化管理部门提出申请：

（一）因城市建设需要；

（二）严重影响居民采光、通风和居住安全；

（三）树木对人身安全或者其他设施构成威胁。

第二十八条 建设、养护单位申请迁移树木的，应当提交下列材料：

（一）拟迁移树木的品种、数量、规格、位置、权属人意见等材料。其中，建设项目需要迁移树木的，还应当提交相关用地批文、扩初设计批复；道路拓宽需要迁移树木的，还应当提供道路红线图、综合管线剖面图。

（二）树木迁移方案和技术措施。

迁移下列树木，应当向市绿化管理部门提出申请：

（一）公共绿地上胸径在二十五厘米以上的树木，其他绿地上胸径在四十五厘米以上的树木；

（二）十株以上的行道树。

迁移前款规定以外的树木，应当向区、县绿化管理部门提出申请。

市和区、县绿化管理部门应当自受理申请之日起十五个工作日内作出审批决定；不予批准的，应当书面说明理由。

铁路、河道管理范围内树木的迁移，分别由铁路、水务管理部门按照规定审批。经审批同意的，铁路、水务管理部门应当将准予树木迁移的情况告知市绿化管理部门。

树木迁移，应当由具有相应施工资质的单位实施，施工单位应当在适宜树木生长的季节按照移植技术规程进行。树木迁移后一年内未成活的，建设、养护单位应当补植相应的树木。

第二十九条 禁止擅自砍伐树木。

因下列原因确需砍伐树木的，养护单位应当向市或者区、县绿化管理部门提出申请：

（一）严重影响居民采光、通风和居住安全，且树木无迁移价值的；

（二）对人身安全或者其他设施构成威胁，且树木无迁移价值的；

（三）发生检疫性病虫害的；

（四）因树木生长抚育需要，且树木无迁移价值的。

第三十条 养护单位申请砍伐树木，应当提交下列材料：

（一）拟砍伐树木的品种、数量、规格、位置、权属人意见；

（二）树木补植计划或者补救措施。

砍伐下列树木，应当向市绿化管理部门提出申请：

（一）公共绿地上的树木和行道树；

（二）其他绿地上十株以上或者胸径在二十五厘米以上的树木。

砍伐前款规定以外的树木，应当向区、县绿化管理部门提出申请。

市和区、县绿化管理部门应当自受理申请之日起十五个工作日内作出审批决定；不予批准的，应当书面说明理由。

铁路用地范围内树木的砍伐，由铁路管理部门按照规定审批。

经批准同意砍伐的，申请人应当补植树木或者采取其他补救措施。

第三十一条 因城市建设需要临时使用绿地的，应当向市或者区、县绿化管理部门提出申请。其中，临时使用公共绿地面积超过五百平方米的，应当向市绿化管理部门提出申请；其他临时使用绿地的，应当向区、县绿化管理部门提出申请。

市和区、县绿化管理部门应当自受理申请之日起十五个工作日内作出审批决定；不予批准的，应当书面说明理由。

临时使用绿地期限一般不超过一年，确因建设需要延长的，应当办理延期手续，延期最长不超过一年。使用期限届满后，使用单位应当恢复绿地。

临时使用绿地需要迁移树木的，使用单位应当在申请临时使用绿地时一并提出。

临时使用公共绿地的，应当向市或者区、县绿化管理部门缴纳临时使用绿地补偿费。临时使用绿地补偿费应当上缴同级财政，并专门用于绿化建设、养护和管理。

第三十二条 建成的绿地不得擅自占用。因城市规划调整或者城市基础设施建设确需占用的，应当向市绿化管理部门提出申请，并提交占用绿地面积、补偿措施、地形图、权属人意见、相关用地批文、扩初设计批复等材料。其中，道路拓宽占用绿地的，还应当提供道路红线图、综合管线剖面图。

市绿化管理部门应当自受理申请之日起二十个工作日内作出审批决定；不予批准的，应当书面说明理由。

占用公共绿地的，应当在所占绿地周边地区补建相应面积的绿地，确不具备补建条件的，应当向市绿化管理部门缴纳绿化补偿费和绿地易地补偿费。绿化补偿费和绿地易地补偿费应当上缴市财政，并专门用于绿化建设、养护和管理。

第三十三条 调整已建成的公共绿地内部布局，不得减少原有绿地面积，不得擅自增设建筑物、构筑物。确需调整已建成的公共绿地内部布局，增设建筑物、构筑物的，应当符合城市规划和有关设计规范要求，并事先征得市绿化管理部门的同意。

调整其他建成绿地内部布局，调整后的绿地面积不得少于原有的绿地面积。

第三十四条 下列事项，施工单位应当在现场设立告示牌，向社会公示：

（一）迁移或者砍伐树木；

（二）临时使用绿地、占用绿地；

（三）建成绿地内部布局调整。

第三十五条 市或者区、县绿化管理部门应当建立对绿化有害生物疫情监测预报网络，编制灾害事件应急预案，健全有害生物预警预防控制体系。

绿化植物的检疫及其管理，由林业植物检疫机构按照林业植物检疫有关法律、法规执行。

第三十六条 禁止下列损坏绿化和绿化设施的行为：

（一）偷盗、践踏、损毁树木花草；

（二）借用树木作为支撑物或者固定物、在树木上悬挂广告牌；

（三）在树旁和绿地内倾倒垃圾或者有害废渣废水、堆放杂物；

（四）在绿地内擅自设置广告、搭建建筑物、构筑物；

（五）在绿地内取土、焚烧；

（六）其他损坏绿化或者绿化设施的行为。

第三十七条 市和区、县绿化管理部门应当加强绿化资源调查、监测和监控，建立全市绿化管理信息系统，公布绿化建设、养护和管理的信息。

房地、市政、水务等有关部门以及铁路部门应当向绿化管理信息系统提供绿化相关信息。

第三十八条 财政、审计等有关部门应当加强对公共绿地建设、养护资金使用的监督和管理。

市和区、县绿化管理部门应当加强对绿化建设和养护的监督检查，及时处理对破坏绿化和绿化设施行为的投诉和举报。

被检查的单位或者个人应当如实反映情况，提供与检查内容有关的资料，不得弄虚作假或者隐瞒事实，不得拒绝或者阻挠管理人员的检查。

第四章 法律责任

第三十九条 违反本条例第十五条第一款规定，建设单位未按建设工程规划许可比例要求进行绿化建设的，由规划管理部门按照有关规定处理。

第四十条 违反本条例第二十条第三款规定，建设单位未在规定时间内完成配套绿化建设的，由市或者区、县绿化管理部门责令限期改正；逾期不改正的，按未完成建设的绿地建设预算费用的一至三倍处以罚款。

违反本条例第二十条第四款规定，绿化工程竣工验收前未拆除临时设施的，由市或者区、县绿化管理部门责令限期改正；逾期不改正的，由市或者区、县绿化管理部门组织拆除，所需费用由建设单位承担。

第四十一条 违反本条例第二十三条第四款规定，养护单位未按养护技术标准进行养护的，由市或者区、县绿化管理部门责令限期改正；逾期不改正的，处二千元以上二万元以下的罚款。

第四十二条 违反本条例第二十七条第一款规定，擅自迁移树木的，由市或者区、县绿化管理部门责令改正，处绿化补偿标准三至五倍的罚款。

违反本条例第二十九条第一款规定，擅自砍伐树木的，由市或者区、县绿化管理部门处绿化补偿标准五至十倍的罚款。

违反本条例第二十八条第六款、第三十条第六款规定，建设、养护单位未按规定进行补植或者采取其他补救措施的，由市或者区、县绿化管理部门责令限期改正；逾期不改正的，分别按照擅自迁移、擅自砍伐树木的规定予以处罚。

第四十三条 违反本条例第三十一条规定，未经许可临时使用绿地的，由市或者区、县绿化管理部门责令限期改正，按临时使用绿地每日每平方米十元以上三十元以下处以罚款。

违反本条例第三十二条规定，未经许可占用绿地的，由市或者区、县绿化管理部门责令限期改正，按占用绿地面积每平方米五百元以上二千元以下处以罚款。

违反本条例第三十三条规定，调整建成绿地内部布局减少原有的绿地面积的，由市或者区、县绿化管理部门按照前款规定处理。

第四十四条 违反本条例第三十六条规定，损坏绿化或者绿化设施的，由市或者区、县绿化管理部门责令改正，并可处绿化或绿化设施补偿标准三至五倍的罚款。

第四十五条 违反本条例第十八条、第十九条、第二十条第一款规定的，由建设行政主管部门按照有关法律、法规的规定处理。

第四十六条 市绿化管理部门违反本条例规定作出的决定，由市人民政府责令其纠正或者予以撤销；区、县绿化管理部门违反本条例规定作出的决定，由市绿化管理部门责令其纠正，或者由区、县人民政府责令其纠正或者予以撤销。

第四十七条 市或者区、县绿化管理部门以及其他有关行政管理部门的工作人员违反本条例规定，有下列行为之一的，由其所在单位或者上级主管部门给予行政处分；构成犯罪的，依法追究刑事责任：

（一）对绿化违法行为不查处、包庇、纵容的；

（二）不依法行使职权，并造成严重后果的；

（三）其他玩忽职守、滥用职权、徇私舞弊的。

第五章 附则

第四十八条 本条例所指绿地，包括公共绿地、单位附属绿地、居住区绿地、防护绿地等。

本条例所称公共绿地，是指公园绿地、街旁绿地和道路绿地。

本条例所称单位附属绿地，是指机关、企事业单位、社会团体、部队、学校等单位用地范围内的绿地。

本条例所称居住区绿地，是指居住区用地范围内的绿地。

本条例所称防护绿地，是指城市中具有卫生隔离和安全防护功能的绿地。

本条例所称绿化设施，是指绿地中供人游览、观赏、休憩的各类构筑物，以及用于绿化养护管理的各种辅助设施。

第四十九条 本条例自 2007 年 5 月 1 日起施行。1987 年 1 月 8 日上海市第八届人民代表大会常务委员会第二十五次会议审议通过的《上海市植树造林绿化管理条例》同时废止。

上海市绿化条例（2015 修正版）

2015 年 7 月 23 日上海市第十四届人民代表大会常务委员会第二十二次会议通过。

第一章 总则

第一条 为了促进本市绿化事业的发展，改善和保护生态环境，根据国务院《城市绿化条例》和其他有关法律、行政法规，结合本市实际情况，制定本条例。

第二条 本条例适用于本市行政区域内种植和养护树木花草等绿化的规划、建设、保护和管理。

古树名木和古树后续资源的管理，按照《上海市古树名木和古树后续资源保护条例》的规定执行；林地、林木的管理，按照有关法律、法规的规定执行。

第三条 市和区、县人民政府应当将绿化建设纳入国民经济和社会发展计划，保障公共绿地建设和养护经费的投入。

乡、镇人民政府和街道办事处根据所在区、县人民政府的要求，开展本辖区内有关的绿化工作。

第四条 市人民政府绿化行政管理部门（以下简称市绿化管理部门），负责本市行政区域内的绿化工作；区、县管理绿化的部门（以下称区、县绿化管理部门）负责本辖区内绿化工作，按照本条例的规定实施行政许可和行政处罚，业务上受市绿化管理部门的指导。

本市其他有关部门，按照各自职责，协同实施本条例。

第五条 市和区县、街道、乡镇的绿化委员会应当组织、推动全民义务植树活动和群众性绿化工作。

单位和有劳动能力的适龄公民应当按照国家有关规定，履行植树的义务。

鼓励单位和个人以投资、捐资、认养等形式，参与绿化的建设和养护。捐资、认养的单位或者个人可以享有绿地、树木一定期限的冠名权。

第六条 本市加强绿化科学研究，保护植物多样性，鼓励选育与引进适应本市自然条件的植物，优化植物配置，推广生物防治病虫害技术，促进绿化科技成果的转化。

第七条 任何单位和个人都有享受良好绿化环境的权利，有保护绿化和绿化设施的义务，对破坏绿化和绿化设施的行为，有权进行劝阻、投诉和举报。

对绿化工作做出显著成绩的单位和个人，各级人民政府应当给予表彰或者奖励。

第二章 规划和建设

第八条 市绿化管理部门应当根据本市经济、社会发展状况和绿化发展需要，编制市绿化系统规划，经市规划管理部门综合平衡，报市人民政府批准后纳入城市总体规划。

区、县绿化管理部门应当根据市绿化系统规划，结合本区、县实际，编制区、县绿化规划，经区、县规划管理部门综合平衡后，报区、县人民政府批准；区、县人民政府在批准前应当征求市绿化管理部门的意见。

第九条 市绿化系统规划应当明确本市绿化目标、规划布局、各类绿地的面积和控制原则。

区、县绿化规划应当明确各类绿地的功能形态、分期建设计划和建设标准。

编制、调整市绿化系统规划和区、县绿化规划，有关部门在报批前应当采取多种形式听取利益相关公众的意见。

第十条 规划管理部门应当会同同级绿化管理部门根据控制性编制单元规划、市绿化系统规划、区县绿化规划，确定各类绿地的控制线（以下简称绿线），并向社会公布。

绿线不得任意调整，因城市建设确需调整的，规划管理部门应当征求市绿化管理部门的意见，并按照规划审批权限报原审批机关批准。

调整绿线不得减少规划绿地的总量。因调整绿线减少规划绿地的，应当落实新的规划绿地。

第十一条 公共绿地周边新建建设项目，应当与绿地的景观相协调，并不得影响植物的正常生长。

规划管理部门在编制控制性详细规划时，应当会同同级绿化管理部门在公园绿地周边划定一定范围的控制区。控制区内禁止建设超过规定高度的建筑物、构筑物，具体管理办法由市规划管理部门会同市绿化管理部门另行制定。

第十二条 重要地区和主要景观道路两侧新建建设项目，应当在建设项目沿道路一侧设置一定比例和宽度的集中绿地。具体的比例和宽度由规划管理部门在审核建设项目规划设计方案时，经征求同级绿化管理部门意见后确定。

第十三条 居住区绿化应当合理布局，选用适宜的植物种类，综合考虑居住环境与采光、通风、安全等要求。

第十四条 本市绿地建设按照下列规定分工负责：

（一）公共绿地，由市或者区、县绿化管理部门负责建设或者组织建设，其中，道路绿地由市政管理部门负责建设；

（二）新建居住区绿地，由建设单位负责建设；

（三）单位附属绿地，由所在单位负责建设；

（四）铁路、河道管理范围内的防护绿地，分别由铁路、水务管理部门负责建设。

前款规定以外的绿地，由所在地区、县人民政府确定建设单位。

第十五条 建设项目绿地面积占建设项目用地总面积的配套绿化比例，应当达到下列标准：

（一）新建居住区内绿地面积占居住区用地总面积的比例不得低于百分之三十五，其中用于建设集中绿地的面积不得低于居住区用地总面积的百分之十；按照规划成片改建、扩建居住区的绿地面积不得低于居住区用地总面积的百分之二十五。

（二）新建学校、医院、疗休养院所、公共文化设施，其附属绿地面积不得低于单位用地总面积的百分之三十五；其中，传染病医院还应当建设宽度不少于五十米的防护绿地。

（三）新建工业园区附属绿地总面积不得低于工业园区用地总面积的百分之二十，工业园区内各项目的具体绿地比例，由工业园区管理机构确定；工业园区外新建工业项目以及交通枢纽、仓储等项目的附属绿地，不得低于项目用地总面积的百分之二十；新建产生有毒有害气体的项目的附属绿地面积不得低于工业项目用地总面积的百分之三十，并应当建设宽度不少于五十米的防护绿地。

（四）新建地面主干道路红线内的绿地面积不得低于道路用地总面积的百分之二十；新建其他地面道路红线内的绿地面积不得低于道路用地总面积的百分之十五。

（五）新建铁路两侧防护绿地宽度按照国家有关规定执行。

（六）其他建设项目绿地面积占建设项目用地总面积的最低比例，由市绿化管理部门参照上述规定另行制定。

在历史文化风貌保护区和优秀历史建筑保护范围内进行建设活动，不得减少原有的绿地面积。

本市有关管理部门在审批建设项目的计划、设计方案、建设工程规划许可证时，应当按照本条前两款的规定执行。确因条件限制而绿地面积达不到前两款规定的建设项目，规划管理部门在审批建设工程规划许可证时，应当征求绿化管理部门的意见；建设单位应当按照所缺的绿地面积向绿化管理部门缴纳绿化补建费。绿化补建费应当上缴同级财政，专款专用，由绿化管理部门在建设项目所在区、县范围内安排绿化建设。

第十六条 新建、扩建道路时，应当种植行道树。行道树的种植，应当符合行车视线、行车净空和行人通行的要求。

行道树应当选择适宜的树种，其胸径不得小于八厘米。

第十七条 本市新建公共建筑以及改建、扩建中心城内既有公共建筑的，应当对高度不超过五十米的平屋顶实施绿化，屋顶绿化面积的具体比例由市人民政府作出规定。

中心城、新城、中心镇以及独立工业区、经济开发区等城市化地区新建快速路、轨道交通、立交桥、过街天桥的桥柱和声屏障，以及道路护栏（隔离栏）、挡土墙、防汛墙、垃圾箱房等市政公用设施的，应当实施立体绿化。

本市规划、建设管理部门在审查上述建设项目的设计方案、施工图设计文件时，应当按照本条前两款的规定执行。

本市鼓励适宜立体绿化的工业建筑、居住建筑以及本条第一款以外的公共建筑等其他建筑，实施多种形式的立体绿化。

本市应当制定立体绿化扶持政策，对发展立体绿化予以支持。

第十八条 绿化工程的设计、施工、监理，应当符合国家和本市有关设计、施工、监理的技术标准和规范，并由具有相应资质的单位承担。

第十九条 下列绿化工程建设项目，应当按照公开、公平、公正的原则，通过招标方式确定设计、施工单位，并实行监理制度：

（一）关系社会公共利益和公共安全的大型基础设施绿化工程建设项目；

（二）全部或者部分使用国有资金投资或者国家融资的绿化工程建设项目；

（三）使用国际组织或者外国政府贷款、援助资金的绿化工程建设项目；

（四）法律或者国务院规定的其他绿化工程建设项目。

第二十条 绿化工程开工前，建设单位应当向建设工程管理机构申请领取建设工程施工许可证。

市或者区、县绿化管理部门在组织建设公共绿地时，应当组织专家对其设计方案进行论证，并征求社会公众意见。其中，建设四万平方米以上的公共绿地，应当配备相应的公共服务设施。

建设项目中的配套绿化、立体绿化应当与主体工程同时完成。配套绿化确因季节原因不能同时完成的，完成绿化的时间不得迟于主体工程交付使用后的六个月。

绿化工程竣工验收前，建设单位应当拆除绿地范围内的临时设施。

第二十一条 绿化工程建设单位应当按照国家和本市的有关规定向市建设工程质量监督机构办理工程质量、安全监督手续。

绿化工程开工前，建设单位应当将设计、施工、监理合同，以及施工总平面图和工程项目明细清单报市绿化管理部门备案。

第二十二条 公共绿地建设工程竣工后，市或者区、县绿化管理部门应当组织验收，验收合格后方可交付使用。

含有配套绿化、立体绿化的建设项目，组织该建设项目竣工验收的单位，应当通知市或者区、县绿化管理部门参加验收。建设单位应当在验收合格之日起十五个工作日内将配套绿化竣工图、立体绿化竣工图和验收结果报送市或者区、县绿化管理部门。

第三章 监督管理

第二十三条 绿地、行道树的养护单位按照下列规定确定：

（一）公共绿地、行道树，由市或者区、县绿化管理部门负责养护或者落实养护单位；

（二）居住区绿地，由业主委托的物业管理企业或者业主负责养护；

（三）单位附属绿地，由所在单位负责养护；

（四）铁路、河道管理范围内的防护绿地，分别由铁路、水务管理部门负责养护。

前款规定以外的绿地，由所在地区、县绿化管理部门确定养护单位。

建设工程范围内保留的树木，在建设期间由建设单位负责养护。

立体绿化，由其所附建筑物、构筑物的产权单位负责养护。

养护单位应当按照国家和本市绿地、行道树、立体绿化的养护技术标准进行养护。

第二十四条 公共绿地和行道树全部或者部分使用国有资金进行养护的，应当通过招标方式确定养护单位。

第二十五条 养护单位应当根据树木生长情况，按照国家和本市有关树木修剪技术规范定期对树木进行修剪。

因树木生长影响管线、交通设施等公共设施安全的，管线或者交通设施管理单位可以向区、县绿化管理部门提出修剪请求。区、县绿化管理部门应当按照兼顾设施安全使用和树木正常生长的原则组织修剪。

发生自然灾害或者突发性事故导致树木影响架空线安全的，架空线权属单位可以先行修剪树木或者采取其他处理措施，并同时向所在地区、县绿化管理部门报告。

居住区内的树木生长影响居民采光、通风和居住安全，居民提出修剪请求的，养护单位应当按照有关规定及时组织修剪。

第二十六条 建设单位新建下列管线、设施或者新种树木，应当符合下列规定：

（一）地下管线外缘与行道树树干外缘的水平距离不小于零点九五米；

（二）架设电杆、设置消防设备等，与树干外缘的水平距离不小于一点五米。

在新建绿地或者规划绿地区域内进行地下设施建设的，地下设施上缘应当留有符合植物生长要求的覆土层，并符合国家和本市有关技术规范。

第二十七条 禁止擅自迁移树木。

因下列原因确需迁移树木的，建设、养护单位或者业主应当向市或者区、县绿化管理部门提出申请：

（一）因城市建设需要；

（二）严重影响居民采光、通风和居住安全；

（三）树木对人身安全或者其他设施构成威胁。

第二十八条 建设、养护单位申请迁移树木的，应当提交下列材料：

（一）拟迁移树木的品种、数量、规格、位置、权属人意见等材料。其中，建设项目需要迁移树木的，还应当提交相关用地批文、扩初设计批复；道路拓宽需要迁移树木的，还应当提供道路红线图、综合管线剖面图。

（二）树木迁移方案和技术措施。

迁移下列树木，应当向市绿化管理部门提出申请：

（一）公共绿地上胸径在二十五厘米以上的树木，其他绿地上胸径在四十五厘米以上的树木；

（二）十株以上的行道树。

迁移前款规定以外的树木，应当向区、县绿化管理部门提出申请。

市和区、县绿化管理部门应当自受理申请之日起十五个工作日内作出审批决定；不予批准的，应当书面说明理由。

铁路、河道管理范围内树木的迁移，分别由铁路、水务管理部门按照规定审批。经审批同意的，铁路、水务管理部门应当将准予树木迁移的情况告知市绿化管理部门。

树木迁移，应当由具有相应施工资质的单位实施，施工单位应当在适宜树木生长的季节按照移植技术规程进行。树木迁移后一年内未成活的，建设、养护单位应当补植相应的树木。

第二十九条 禁止擅自砍伐树木。

因下列原因确需砍伐树木的，养护单位应当向市或者区、县绿化管理部门提出申请：

（一）严重影响居民采光、通风和居住安全，且树木无迁移价值的；

（二）对人身安全或者其他设施构成威胁，且树木无迁移价值的；

（三）发生检疫性病虫害的；

（四）因树木生长抚育需要，且树木无迁移价值的。

第三十条 养护单位申请砍伐树木，应当提交下列材料：

（一）拟砍伐树木的品种、数量、规格、位置、权属人意见；

（二）树木补植计划或者补救措施。

砍伐下列树木，应当向市绿化管理部门提出申请：

（一）公共绿地上的树木和行道树；

（二）其他绿地上十株以上或者胸径在二十五厘米以上的树木。

砍伐前款规定以外的树木，应当向区、县绿化管理部门提出申请。

市和区、县绿化管理部门应当自受理申请之日起十五个工作日内作出审批决定；不予批准的，应当书面说明理由。

铁路用地范围内树木的砍伐，由铁路管理部门按照规定审批。

经批准同意砍伐的，申请人应当补植树木或者采取其他补救措施。

第三十一条 因城市建设需要临时使用绿地的，应当向区、县绿化管理部门提出申请。

区、县绿化管理部门应当自受理申请之日起十五个工作日内作出审批决定；不予批准的，应当书面说明理由。

临时使用绿地期限一般不超过一年，确因建设需要延长的，应当办理延期手续，延期最长不超过一年。使用期限届满后，使用单位应当恢复绿地。

临时使用绿地需要迁移树木的，使用单位应当在申请临时使用绿地时一并提出。

临时使用公共绿地的，应当向市或者区、县绿化管理部门缴纳临时使用绿地补偿费。临时使用绿地补偿费应当上缴同级财政，并专门用于绿化建设、养护和管理。

第三十二条 建成的绿地不得擅自占用。因城市规划调整或者城市基础设施建设确需占用的，应当向市绿化管理部门提出申请，并提交占用绿地面积、补偿措施、地形图、权属人意见、相关用地批文、扩初设计批复等材料。其中，道路拓宽占用绿地的，还应当提供道路红线图、综合管线剖面图。

市绿化管理部门应当自受理申请之日起二十个工作日内作出审批决定；不予批准的，应当书面说明理由。

占用公共绿地的，应当在所占绿地周边地区补建相应面积的绿地，确不具备补建条件的，应当向市绿化管理部门缴纳绿化补偿费和绿地易地补偿费。绿化补偿费和绿地易地补偿费应当上缴市财政，并专门用于绿化建设、养护和管理。

第三十三条 调整已建成的公共绿地内部布局，不得减少原有绿地面积，不得擅自增设建筑物、构筑物。确需调整已建成的公共绿地内部布局，增设建筑物、构筑物的，应当符合城市规划和有关设计规范要求，并事先征得市绿化管理部门的同意。

调整其他建成绿地内部布局，调整后的绿地面积不得少于原有的绿地面积。

第三十四条 公共建筑和市政公用设施上建成的立体绿化，不得占用、拆除，但因公共建筑和市政公用设施进行改建、扩建、修缮或者拆除的除外。

公共建筑和市政公用设施改建、扩建或者修缮完成后，被占用、拆除的立体绿化应当予以恢复。

第三十五条 下列事项，施工单位应当在现场设立告示牌，向社会公示：

（一）迁移或者砍伐树木；

（二）临时使用绿地、占用绿地；

（三）建成绿地内部布局调整。

第三十六条 市或者区、县绿化管理部门应当建立对绿化有害生物疫情监测预报网络，编制灾害事件应急预案，健全有害生物预警预防控制体系。

绿化植物的检疫及其管理，由林业植物检疫机构按照林业植物检疫有关法律、法规执行。

第三十七条 禁止下列损坏绿化和绿化设施的行为：

（一）偷盗、践踏、损毁树木花草；

（二）借用树木作为支撑物或者固定物、在树木上悬挂广告牌；

（三）在树旁和绿地内倾倒垃圾或者有害废渣废水、堆放杂物；

（四）在绿地内擅自设置广告、搭建建筑物、构筑物；

（五）在绿地内取土、焚烧；

（六）其他损坏绿化或者绿化设施的行为。

第三十八条 市和区、县绿化管理部门应当加强绿化资源调查、监测和监控，建立全市绿化管理信息系统，公布绿化建设、养护和管理的信息。

房地、市政、水务等有关部门以及铁路部门应当向绿化管理信息系统提供绿化相关信息。

第三十九条 财政、审计等有关部门应当加强对公共绿地建设、养护资金使用的监督和管理。

市和区、县绿化管理部门应当加强对绿化建设和养护的监督检查，及时处理对破坏绿化和绿化设施行为的投诉和举报。

被检查的单位或者个人应当如实反映情况，提供与检查内容有关的资料，不得弄虚作假或者隐瞒事实，不得拒绝或者阻挠管理人员的检查。

第四章 法律责任

第四十条 违反本条例第十五条第一款或者第十七条第一款、第二款规定，建设单位未按建设工程规划许可要求进行绿化建设的，由规划管理部门按照有关规定处理。

第四十一条 违反本条例第二十条第三款规定，建设单位未在规定时间内完成配套绿化建设的，由市或者区、县绿化管理部门责令限期改正；逾期不改正的，按未完成建设的绿地建设预算费用的一至三倍处以罚款。

违反本条例第二十条第四款规定，绿化工程竣工验收前未拆除临时设施的，由市或者区、县绿化管理部门责令限期改正；逾期不改正的，由市或者区、县绿化管理部门组织拆除，所需费用由建设单位承担。

第四十二条 违反本条例第二十三条第五款规定，养护单位未按养护技术标准进行养护的，由市或者区、县绿化管理部门责令限期改正；逾期不改正的，处二千元以上二万元以下的罚款。

第四十三条 违反本条例第二十七条第一款规定，擅自迁移树木的，由市或者区、县绿化管理部门责令改正，处绿化补偿标准三至五倍的罚款。

违反本条例第二十九条第一款规定，擅自砍伐树木的，由市或者区、县绿化管理部门处绿化补偿标准五至十倍的罚款。

违反本条例第二十八条第六款、第三十条第六款规定，建设、养护单位未按规定进行补植或者采取其他补救措施的，由市或者区、县绿化管理部门责令限期改正；逾期不改正的，分别按照擅自迁移、擅自砍伐树木的规定予以处罚。

第四十四条 违反本条例第三十一条规定，未经许可临时使用绿地的，由市或者区、县绿化管理部门责令限期改正，按临时使用绿地每日每平方米十元以上三十元以下处以罚款。

违反本条例第三十二条规定，未经许可占用绿地的，由市或者区、县绿化管理部门责令限期改正，按占用绿地面积每平方米五百元以上二千元以下处以罚款。

违反本条例第三十三条规定，调整建成绿地内部布局减少原有的绿地面积的，由市或者区、县绿化管理部门按照前款规定处理。

违反本条例第三十四条规定，占用、拆除立体绿化或者未恢复原有立体绿化的，由市或者区、县绿化管理部门责令限期改正，按占用或者拆除立体绿化面积每平方米五百元以上二千元以下处以罚款。

第四十五条 违反本条例第三十七条规定，损坏绿化或者绿化设施的，由市或者区、县绿化管理部门责令改正，并可处绿化或绿化设施补偿标准三至五倍的罚款。

第四十六条 违反本条例第十八条、第十九条、第二十条第一款规定的，由建设行政主管部门按照有关法律、法规的规定处理。

第四十七条 市绿化管理部门违反本条例规定作出的决定，由市人民政府责令其纠正或者予以撤销；区、县绿化管理部门违反本条例规定作出的决定，由市绿化管理部门责令其纠正，或者由区、县人民政府责令其纠正或者予以撤销。

第四十八条 市或者区、县绿化管理部门以及其他有关行政管理部门的工作人员违反本条例规定，有下列行为之一的，由其所在单位或者上级主管部门给予行政处分；构成犯罪的，依法追究刑事责任：

（一）对绿化违法行为不查处、包庇、纵容的；

（二）不依法行使职权，并造成严重后果的；

（三）其他玩忽职守、滥用职权、徇私舞弊的。

第五章 附则

第四十九条 本条例所指绿地，包括公共绿地、单位附属绿地、居住区绿地、防护绿地等。

本条例所称公共绿地，是指公园绿地、街旁绿地和道路绿地。

本条例所称单位附属绿地，是指机关、企事业单位、社会团体、部队、学校等单位用地范围内的绿地。

本条例所称居住区绿地，是指居住区用地范围内的绿地。

本条例所称防护绿地，是指城市中具有卫生隔离和安全防护功能的绿地。

本条例所称绿化设施，是指绿地中供人游览、观赏、休憩的各类构筑物，以及用于绿化养护管理的各种辅助设施。

本条例所称立体绿化，是指以建筑物、构筑物为载体，以植物为材料，以屋顶绿化、垂直绿化、沿口绿化、棚架绿化等为方法的绿化形式的总称。

第五十条 本条例自 2007 年 5 月 1 日起施行。1987 年 1 月 8 日上海市第八届人民代表大会常务委员会第二十五次会议审议通过的《上海市植树造林绿化管理条例》同时废止。

附录三

上海市普教系统校园绿化建设管理导则

编制单位：上海市教育委员会
上海市绿化和市容管理局
二〇一〇年四月

1. 总则

1.1 普教系统校园绿化是指在中小学（含中等职业学校，以下同）、幼儿园校园内（含校门口及其周边的学校管理区域）的绿化建设和管理。

1.2 指导思想：为科学地指导本市中小学、幼儿园绿化的规划、建设、养护及管理，充分发挥校园绿化在教育、教学中的作用，提高校园生态环境建设及管理水准，创造良好育人环境，陶冶师生的情操，培养学生的环保意识和审美情趣，特制定本导则。

1.3 适用范围：本导则适用于上海市普教系统各公办、民办中小学、幼儿园等教育单位的绿化规划、建设、养护和管理。

1.4 基本原则：以人为本，因地制宜，布局合理，植物多样，景观优美，经济实用，安全舒适，环保节能。

1.5 总体目标：美化校园，环境育人。

1.6 编制依据：

1.6.1《上海市绿化条例》（2007.1.17 上海市 12 届人大第 33 次会议通过）

1.6.2 上海市《普通中小学校建设标准》（DG/TJ08~12~2004）

1.6.3 上海市《普通幼儿园建设标准》（DG/TJ08~45~2005）

1.6.4《园林绿化养护技术等级标准》（DG/TJ08~702~2005 、 TJ0603~2005）

1.6.5《上海市园林栽植土质量标准》（DBJ08~231~98）

1.6.6《上海市古树名木和古树后续资源保护条例》。

1.6.7《城市绿地设计规范》GB 50420~2007

1.6.8《城市绿化工程施工及验收规范》CJJ/T82~99

1.6.9《园林植物栽植技术规程》DBJ08~18~91

1.6.10《园林植物养护技术规程》DBJ08~19~91

1.6.11《上海市植物铭牌设置规范》试行

1.6.12《上海市屋顶绿化技术规范》试行

1.6.13《绿化植物保护技术规程》试行

1.6.14《古树名木及古树后续资源养护技术规程》试行

1.7 校园绿化建设除执行本导则的规定外，还应符合国家其他有关法律、法规和工程技术标准等规定。

2. 术语

2.1 基础种植 foundation planting

用灌木或花卉在建筑物或构筑物的基础周围进行绿化、美化栽植。

2.2 立体绿化 three-dimensional green

利用除地面资源以外的其他空间资源进行绿化的方式。

2.3 植物造景 landscape plants

运用乔木、灌木、藤本及草本植物等题材，通过艺术手法，充分发挥植物的形体、线条、色彩等自然美（也包括把植物整形修剪成一定形体）来创作植物景观。

2.4 园林小品 garden pieces

园林中供休息、装饰、景观照明、展示和为园林管理及方便游人之用的小型设施。

2.5 绿视率 green depending on the rate of

人们眼睛所看到的物体中绿色植物所占的比例，它强调立体的视觉效果，代表城市绿化的更高水准。

2.6 绿地率 greening rate

单位用地范围内各类绿地的总和与单位用地的比率（％）。

2.7 绿地覆盖率 forest coverage rate

单位用地范围内，植物的垂直投影面积占该用地总面积的百分比。

2.8 花境 flower border

以宿根花卉为主，间有其他类型的灌木花卉或观赏草的带状或自然块状布置形式。大多位于树林、树丛、草坪、道路、建筑等边缘，具有季相变化和立面效果。

2.9 切边 edging

为阻隔两种不同植物生长带来相互影响所采取的养护措施，有时也可采用插片等新技术达到切边目的。

2.10 地被植物 ground cover

植株低矮、枝叶密集，具有较强扩展能力，能迅速覆盖裸露平地或坡地的植物，一般高度不超过 60cm。地被植物可单一种植也可混植。

2.11 绿化植物的有害生物 pest of afforest plant

指对园林绿化植物的生长、生存造成危害，影响园林绿化景观面貌的动物、植物、微生物。

2.12 土壤有机质 soil oganic substance

土壤中动植物残体、微生物体及其分解和合成的有机物质，单位：克 / 千克（g/kg）。

2.13 有效土层 effective soil horizon

可供植物根系能正常生长发育的土壤层。单位：厘米（cm）。

3. 规划与设计

3.1 规划原则

3.1.1 先规划后建设

学校绿化应遵循先规划设计后建设的原则，总体规划可分步实施。

绿化规划应由具有相应资质的单位承担编制和设计。

绿化方案应由上级相关部门审核后，方可实施。

绿地面积 5000m² 以上须经专业评审。

3.1.2 绿地分布均衡

校园绿地分布应科学合理：校门口应有适量绿地；校舍周围应有基础种植地，南侧宜宽、北侧宜窄；校园中应有相应的集中绿地；沿校园围墙宜设置隔离性绿带。

3.1.3 以植物造景为主

校园绿化的景观营造，应以植物造景为主，体现经济、美观、安全、生态。

3.1.4 突出文化内涵

校园绿化应体现校园的文化，即在各类园林小品的主题、立意上应强调文化内涵，符合校园的特点，满足教育、教学的要求，并体现积极向上的精神。

3.1.5 与建筑主体相协调

校园绿化应与校园建筑风格相协调，绿地中使用的硬质景观、构筑物、设施等宜使用经济、环保、具有自然属性的材料。

3.1.6 充分利用空间建设绿化

充分利用墙面、围墙、檐口、屋顶、停车场等进行立体绿化，增加绿化覆盖面积、软化建筑立面，提高校园的绿视率和环境质量。

校园中应无抛荒闲置用地，备用地应建成临时绿地。

3.1.7 新建学校宜利用各类水资源，如校内或校园周边的河水，屋顶、场地、道路上的雨水收集再利用，中水的回用等。仿自然湖泊的水体，宜建软底水体，并种植水生植物或加入循环装置，提高自净力。

3.1.8 有自然水体穿越校园，应充分保护和加以利用，使其与校园绿化融为一体。

3.1.9 在校园绿地建设改造时，应注重原有植被的留用。高大乔木应尽可能留在原地，并与新绿地自然融合。

3.1.10 地形设计应科学合理

充分利用原有的自然地形。

大面积的绿地和对土层要求高的植物种类宜堆土，营造美观、利于排水、满足植物生长的起伏地形。小面积或狭长形绿地宜建成中间高四周低的饱满地形。

3.2 规划指标

3.2.1 绿地率

新建校园的绿地率应符合《上海市绿化条例》的要求，不得小于 35%。改建校园不低于原有绿地率。

3.2.2 绿化覆盖率

绿化覆盖率应大于绿地率。

3.2.3 集中绿地

学校应建集中绿地，面积不小于 $400m^2$，宜建成开放式。

3.3 布局形式

3.3.1 校门区

位于校门周围的绿地宜选择规则式的绿地布置形式。

3.3.2 教学用房周边

教学楼的南北侧：宜以自然式的绿地布置形式为主，距离南侧窗户 8 米内不应种植乔木；8 米以外可种植少量的落叶乔木。南侧绿地宜种植各类阳性的观花、观果、观叶的灌木和地被。北侧绿地宜种植耐半荫的灌木。

教学楼的东西侧：宜以规则式的绿地布置形式为主，根据绿地的大小选择相应种类的乔灌木，力求结构简单、层次分明。西侧绿地应选择常绿乔木，以达到遮蔽西晒太阳的目的。

3.3.3 宿舍周边

寄宿制学校在宿舍周边的绿地宜设置一定数量的小型休憩空间。

3.3.4 道路绿化

校园道路两侧应种植行道树，路面的遮阳度宜达到 60% 以上。南北向干道宜用常绿乔木，东西向干道宜用落叶乔木。

3.3.5 休憩绿地

以开放式绿地为主，因地制宜设置亭、廊、花架或坐凳，具有一定的园路系统。

3.3.6 外围绿化

校园周围宜设置隔离性绿带，绿带宽度不宜小于 1.5 米，合理配置乔灌木，形成丰富的林冠线，以减少外界噪音。

3.3.7 运动场周边

运动场周围宜设置开放式绿地或种植高大阔叶乔木。

3.3.8 停车场

有地面停车场的场地应参照《上海市绿荫停车场建设指导手册》，建设绿荫停车场。

3.4 绿地植物种类选择与应用

校园绿地中的植物种类应丰富，乔灌草比例合适。绿地面积 ≤ 3000m²，植物品种应 ≥ 40 种；绿地面积 3000m² ~ 10000 m²，植物品种应 ≥ 60 种；绿地面积 10000 m² ~ 20000 m²，植物品种应 ≥ 80 种；绿地面积 20000m² 以上，植物品种应 ≥ 100 种。其中落叶乔木占乔木总量的 40% 以上。

应以乡土树种为主，多选择观花、观果、观茎、色叶、彩叶等植物种类。

在活动场地和校园道路周边禁用带刺或有毒植物。

从低维护的角度考虑，宜少用整形修剪的灌木。

4. 建设

4.1 校园绿化工程，应符合国家和本市有关施工的技术标准和规范，并由具有相应资质的单位承担。

4.2 校园绿化工程施工项目应按照公开、公平、公正的原则，通过招标方式确定施工单位，并实行监理制度；施工单位不得转包已中标的施工项目；分包项目须经发包方同意，分包单位不得将承包的分包业务再进行分包。

4.3 校园绿化工程总投资额 100 万以上的项目。在开工前，建设单位应向上海市园林绿化工程管理站申领建设工程施工许可证，并应到上海市园林绿化工程安全质量监督站办理绿化工程质量、安全监督手续。

4.4 校园绿化工程开工前，建设单位应将设计、施工、监理合同，以及施工总平面图和工程项目明细清单报相关管理部门备案；同时报所属区县教育局主管部门审核，未经审核不得开工建设。

4.5 配套绿化工程应当与主体工程同时完成，确因季节原因不能同时完成的，绿化工程完成的时间不得迟于主体工程交付使用后的六个月，且不得影响学校的正常教育、教学活动。

4.6 绿化工程竣工验收前，施工单位应拆除绿地范围内的临时设施。符合竣工验收条件后，由建设单位组织参与项目建设的设计、监理、施工等单位进行验收，同时应通知绿化、教育等相关管理部门参加验收；验收合格后方可交付使用。

4.7 建设单位应在验收合格之日起十五个工作日内将绿化竣工图和验收结果报送相关管理部门备案。同时将绿化竣工图及全部竣工资料送所属区县教育局主管部门存档，并纳入绿化 GIS 系统。

4.8 校园绿化工程必须安全文明施工，开工前施工单位应上报安全文明施工管理方案，参与建设各方应按照上海市建设工程施工安全监督管理办法执行。施工单位必须与建设单位签订安全文明施工协议书，明确各方安全责任。施工中须严格控制噪音、粉尘等对正常教育教学活动的影响。

4.9 绿化土方工程

4.9.1 校园绿化工程中所用绿化栽植土应符合"上海市园林栽植土质量标准"，栽植土现场取样检测，合格后使用，不合格的土壤须经土壤改良或用符合标准的土壤置换。

4.9.2 地形施工时应按设计图纸施工，充分理解设计图纸的意图，做到地形整体自然流畅，达到自然排水要求。

绿地与园路、花坛、园林小品、建筑物的衔接处应协调、美观。

4.9.3 种植乔木有效土层至少为 1.0m，种植灌木有效土层宜为 0.8m，无不透水层。

4.10 乔灌木栽植

4.10.1 树木种植的平面位置和高程必须符合设计要求，树身上下应垂直。

4.10.2 苗木质量要求根系发达、生长茁壮、无明显病虫害，并符合设计规格的要求。

树穴的直径应比根系或土球直径大 40cm。树穴的深度应与根系或土球高度相符，保证在土壤下沉后，根颈和地表面等高。

4.10.3 树木在栽植前应修剪损伤的树枝和树根，树冠应根据不同种类、不同季节适量修剪，大的修剪口应作防腐处理。

4.10.4 树木定向应选丰满完整的面朝向主要视线，孤植树木应冠幅完整，姿态优美。

4.10.5 落叶乔灌木栽植，应在春季解冻以后，发芽以前，或在秋季落叶后冰冻以前进行；常绿乔灌木栽植，应在春季土壤解冻后，发芽以前，或在秋季新梢停止生长后，降霜以前进行。

4.10.6 乔木、大灌木在栽植后均应支撑。非栽植季节栽植树木，应按不同树种采取相应的技术防护措施。

4.10.7 大树移栽应综合评估，科学管理，一般不宜移值原有场地的大树，确需移植的，严格按相关规定报批。

4.10.8 藤本、攀缘植物栽植后应根据植物生长的需要进行绑扎或牵引。

4.11 草坪建植

4.11.1 草坪建植前应按设计要求进行地形处理，整地翻耙，整地深度为 20 ~ 25cm，并施入腐熟有机肥。

4.11.2 面积在 2000m^2 以上的草坪应有充分的水源和完整的灌溉设备，以及良好的排水系统；面积 ≤ 2000m^2 的草坪可利用地形自然排水，坡度应大于 5‰。

4.11.3 草坪建植，暖季型草宜采用满铺方式；冷季型草宜采用播种方式。

4.12 花坛、花境

4.12.1 花坛、花境植物，应按设计要求的地形、坡度进行整地、放样，做到表土平整，排水良好；根据花卉种类定好株行距，花苗种植不应过深。

4.12.2 花坛花卉应以一二年生花卉为主，花蕾露色，规格一致，生长旺盛，无病虫害。

4.12.3 花境花卉应以球根、宿根花卉为主，植株根系良好，并有 3 ~ 4 个芽，观赏期长，无病虫害和机械损伤。

4.13 适宜屋顶绿化的建筑，宜实施屋顶绿化，施工管理必须遵守《上海市屋顶绿化技术规范（试行）》。

5. 养护

5.1 修剪

5.1.1 乔木：以自然式修剪为主，保持树冠应有的造型。校园行道树一级分叉高度控制在 2.8m 以上，树冠与架空线、路灯等保持足够的安全距离。

5.1.2 灌木：以自然式修剪为主。遵循"先上后下，先内后外，先大后小，去弱留强"的原则。整形灌木应视其造型要求适时修剪。

5.1.3 藤本植物：上架的藤本植物应在近地面处先重剪，促使萌枝引蔓上架。落叶后应疏剪过密枝条，清除枯死枝和病虫枝。用于篱垣的藤本植物，应对侧枝进行短剪。

5.1.4 草坪：草坪应根据草种特性适时修剪，成坪高度冷季型为 6 ~ 8cm，暖季型为 4 ~ 6cm。其中冷季型草夏季高度宜保持 10cm，暖季型草冬季高度宜小于 2cm。草坪切边应边缘清晰，线条流畅。

5.1.5 其他：竹类的间伐和修剪宜在深秋和冬季进行，间伐以保留三年生以下的新竹；宿根地被应在休眠后自地面割去所有的残枝和枯叶；水生植物休眠凋萎后必须修剪。

5.2 灌溉

5.2.1 植物浇灌应及时，浇灌前应先松土。夏季秋初高温季节宜早晚浇，冬季干旱时宜中午浇，一次浇透。对水分和空气湿度要求较高的树种应适时叶面喷水。

冷季型草坪夏季休眠期应控制水分。

5.2.2 使用中水浇灌时，水质必须符合园林植物浇灌水质要求。

5.3 排水

绿地中的地势低洼处，雨季要做好防涝工作，平时要防止积水，暴雨后 2 小时内雨水必须排完。

5.4 中耕除草

5.4.1 绿地内的大型、恶性、缠绕性杂草必须连根铲除。一般杂草控制一定的高度即可。

5.4.2 树木根部的土壤要适时中耕松土，保证土壤的通气性和透水性。结合中耕及时清除垃圾、砖块、石子、废杂物，适当保留自然枯叶层。

5.5 施肥

施肥应根据树种、树龄、土壤理化性状及观赏等要求而定，适时适量。应以腐熟的有机肥为主。植物休眠期宜施基肥，生长期宜施追肥。施肥应考虑校容与卫生。

5.6 更新调整

5.6.1 视植物的生长状况和疏密变化及时做好补种、抽稀。补植的树种、规格应与周边景观协调。

5.6.2 枯朽、衰老、严重倾斜或对人和物已构成潜在危险的树木，应及时做好扶正或更换，排除危险。

5.7 有害生物控制

贯彻"预防为主，综合治理"的方针，科学选用生物、物理、化学等防治手段，以生物药剂为主，达到安全、有效控制病虫害。

喷药前应告示，严禁使用剧毒化学药剂和有机氯、有机汞。

5.8 防寒

不耐寒的树种和树势较弱的植株应分别采取不同的防寒措施。

5.9 防汛防台

做好防止树木倒伏和排涝工作。

5.10 水体维护

保持水体清洁，达到景观水质的要求，严格控制污染源流入水体。保持水体生态系统的良性循环。

5.11 硬质景观与设施

保持整洁、美观、安全、正常使用。

5.12 古树名木

校园内的古树名木及古树后续资源，应严格按照《古树名木及古树后续资源养护技术规程》操作。

6. 监督管理

6.1 绿化、美化、净化校园是学校精神文明建设的重要组成部分。师生员工应爱绿护绿，自觉参与校园绿化活动。

6.2 学校负责组织、推动、履行本单位全民义务植树运动和群众性绿化工作，积极开展认建认养。落实全民义务植树登记制度。

6.3 校园绿化管理机构由分管校（园）领导、后勤部门负责人、绿化管理员等组成，管理责任人为绿化管理员，划分维护监管责任区域，落实门责要求，形成校园绿化维护网络。

6.4 单位和个人都享有享受良好绿化环境的权利，有保护绿化和绿化设施的义务，对各种破坏行为，有权进行劝阻、投诉和举报。对绿化工作做出显著成绩的单位和个人，绿化、教育主管部门给予表彰和奖励。

6.5 学校应该建立健全绿化档案，并逐步建立电子档案，适时更新。

6.6 建立校园绿化管理制度，开展宣传教育活动，设置植物铭牌，普及绿化知识。

6.6.1 学校应充分运用宣传载体，多种形式地开展绿化宣传活动，引导师生参与学校绿化环境建设，增强师生建绿、护绿，爱绿的自觉意识。

6.6.2 绿化管理人员应定期参加绿化岗位培训，做到持证上岗。

6.7 校园绿地中涉及师生安全隐患处，如假山、水体等，必须设置安全警示标志及设施。

6.8 校园内的绿地和树木必须严格管理和保护，因基建确需占用绿地、迁移或砍伐树木，须经所属教育主管部门审核，并报绿化管理部门审批。

6.9 禁止下列损坏绿化和绿化设施的行为

未经报批，擅自改变绿地用途；偷盗、践踏、损毁树木花草；其他损坏绿化和绿化设施的行为。

7. 经费

7.1 养护经费的管理和使用

参照《公共区域绿化日常养护服务标准与收费标准》以及相关部门颁发的"绿化养护计价依据"执行，养护经费纳入财政预算，由各区县教育管理部门根据上一年度绿化考评情况，拨付养护经费。

7.2 建设经费的管理和使用

7.2.1 新建学校应按设计要求落实绿化建设经费。

7.2.2 改扩建学校应根据绿化改造计划安排经费。

7.2.3 绿化建设经费专款专用，任何单位和部门不得挪用。

7.3 古树名木经费的管理和使用

散生在学校管辖范围内的古树名木，由所在学校保护管理。养护管理费用由古树名木责任学校承担。抢救、复壮古树名木的费用，由市、区园林绿化行政主管部门给予适当补贴。

7.4 上海市教育委员会、各区（县）教育局对学校绿化经费有监督、检查和处置权。

8. 附则

8.1 上海市教育委员会、各区（县）教育局是学校绿化管理的两级领导机构；上海市教育基建管理中心、各区（县）教育局基建管理部门负责校园绿化工作的管理、指导、协调与服务；各学校负责本单位的绿化工作，按照本导则组织实施。

8.2 市、区（县）绿化管理部门对学校绿化工作进行行业管理和指导。

8.3 本导则由上海市教育委员会负责解释。如与国家、地方的法律法规相抵触，则以有关法律法规为准。

9.附录

附录 1: 上海市绿化合格单位标准（学校）

项 次	项 目	基 本 要 求
1	绿地率	总体 10% 以上，最高折算不超过绿地总面积的 50%。单位绿地面积的折算： （1）内环线内单位认建公共绿地的，按认建面积的 30% 折算；内环线内单位认养公共绿地 5 年以上的，按认养绿地面积的 30% 折算； （2）开放式屋顶绿化面积 $100m^2$ 以上的，按 50% 折算；草坪式屋顶绿化面积 $100m^2$ 以上的，按 30% 折算； （3）栽种水生植物的生态自然循环水体，按水体面积计算。
2	土地利用率	抛荒闲置用地 ≤ 5%。
3	绿化配置	绿地内应具备乔木、灌木、草坪等各种不同植物种类。
4	植物品种	植物品种 ≥ 20 种。
5	花卉	常年具有开花植物。
6	绿化景观与功能	以绿为主，植物健康生长，总体植物群落层次丰富。
7	绿化养护	（1）各类植物自然生长为主，有基本的养护措施； （2）无明显有害生物危害症状； （3）基本无影响植物正常生长的杂草； （4）绿地内无垃圾； （5）绿地配套设施无伤害性破损，设施无安全隐患。
8	绿化管理	（1）绿化基本档案齐全； （2）有养护责任人； （3）有养护经费； （4）知法守法，履行义务。
9	生态环保	使用低毒农药、生物防治等综合防控手段。

附录 2：上海市花园单位标准（学校）

项 次	项 目	要 求
1	绿地率	（1）须符合绿化条例所规定的绿地率；绿地率计算根据单位建设年份及所在地区而定： A.2000 年 11 月 1 日前建设。中心城旧区（内环内）绿地率不得小于 20%；中心城新区绿地率不得小于 25%；浦东新区及开发区绿地率不得小于 30%。B.2000 年 11 月 1 日至 2007 年 5 月 1 日之间建设。浦西内环内绿地率不得小于 30%；浦西内环外及浦东新区及开发区绿地率不得小于 35%。C.2007 年 5 月 1 日之后建设。绿地率不得小于 35%。 （2）绿地面积须在 400m² 以上； （3）最高折算不超过绿地总面积的 30%。单位绿地面积折算： A. 内环线内单位认建公共绿地的，按认建面积的 30% 折算；内环线内单位认养公共绿地 5 年以上的，按认养绿地面积的 30% 折算；B. 开放式屋顶绿化面积 100m² 以上的，按 50% 折算；草坪式屋顶绿化面积 100m² 以上的，按 30% 折算；C. 栽种水生植物的生态自然循环水体，按水体面积计算。
2	绿化覆盖率	大于等于绿地率的 1.1 倍。
3	土地利用率	（1）无抛荒闲置用地，绿化实施率 95% 以上； （2）空置规划用地临时绿化实施率 ≥ 80%。
4	绿化配置	（1）草坪面积（乔灌木投影范围除外）不得超过绿地面积的 40%； （2）乔木平均 5 棵 /100m²（绿地面积）以上，落叶乔木占乔木总量的 40% 以上； （3）灌木平均 30 棵 /100m²（绿地面积）以上； （4）整形灌木面积不超过绿地面积的 5%。

5	植物品种	（1）绿地面积≤3000m²，植物品种≥40种；
		（2）绿地面积3000m²~1ha，植物品种≥60种；
		（3）绿地面积1ha~2ha，植物品种≥80种；
		（4）绿地面积≥2ha以上，植物品种≥100种。
6	花卉	（1）观花、观叶植物占总植物品种50%以上；
		（2）主景点有草花花坛种植。
7	园林小品	绿地内小品占地控制在总绿地面积的1.5%以内。
8	绿化景观与功能	（1）绿化布局合理，植物层次清晰，林冠线错落有致；
		（2）丰富地被植物做到黄土不裸露；
		（3）植物品种搭配合理，季相分明；
		（4）以人为本，充分体现绿地的生态功能、服务功能。
9	室内绿化	因地制宜地在房间、走廊、大厅、会场、阳台等位置以盆栽等形式进行绿化。
10	特色绿化	（1）沿街须使用透绿围墙；
		（2）大力发展多种形式的特色绿化,提高绿视率,增加绿化覆盖率。
11	绿化养护	（1）各类植物正常养护修剪，生长良好，密度适宜，具有群体美；
		（2）基本无生物危害症状，植物受害率控制在10%以下；
		（3）无大型、恶性、缠绕性杂草；无影响景观面貌的任何杂草；
		（4）绿地内无垃圾，保留落叶层；
		（5）绿地配套设施正常维护，无破损。
12	绿化管理	（1）绿化档案齐全（包括：记录绿化情况的影像资料，绿化规划、竣工图，义务植树完成情况登记表，绿化管理制度，工作总结等）；
		（2）绿化养管制度齐全，工作有记录，责任到人；
		（3）绿化经费有预算能落实；
		（4）知法守法，履行义务。
13	生态环保	（1）使用低毒农药及生物防治病虫害；
		（2）建立生态化循环体系，植物垃圾无害化处理与再利用率高，无不合理焚烧现象。

附录3：校园绿化推荐植物种类汇总

类　别	植物名称
乔木	雪松、白皮松、柳杉、香榧、广玉兰、香樟、乐昌含笑、侧柏、桧柏、蓝冰柏、罗汉松、杨梅、石楠、冬青、大叶冬青、桂花、女贞、棕榈、深山含笑、含笑、月桂、枇杷、香橼、柑桔、紫竹、银杏、池杉、水杉、落羽杉、中山杉、核桃、枫杨、麻栎、白榆、榔榆、榉、马褂木、杂交马褂木、枫香、悬铃木、樱花、早樱、皂荚、刺槐、国槐、臭椿、千头椿、重阳木、黄连木、七叶树、喜树、泡桐、垂柳、金丝柳、朴树、珊瑚朴、桑树、白玉兰、红运玉兰、黄玉兰、紫薇、杜仲、合欢、苦楝、无患子、栾树、青桐、梓树、黄金树、楝木、巨紫荆、无花果、柿、山楂、木瓜、梨、枣、盘槐、三角枫、羽毛枫、红千层、鸡爪槭
灌木	垂丝海棠、石榴、杏、桃、山茶、瓜子黄杨、无刺枸骨、厚皮香、小叶女贞、椤木石楠、南天竹、十大功劳、小丑火棘、金桔、金丝桃、金丝梅、胡颓子、熊掌木、桃叶珊瑚、洒金桃叶珊瑚、夏鹃、紫鹃、黄馨、夹竹桃、栀子、雀舌栀子、六月雪、伞房决明、双荚决明、龟甲冬青、茶梅、金叶大花六道木、青云实、亮叶忍冬、金边小叶女贞、金森女贞、紫金牛、朱砂根、孝顺竹、箬竹、菲白竹、凤尾竹、黄花染料木、腊梅、亮叶腊梅、山梅花、八仙花、麻叶绣球、红花绣线菊、金山绣线菊、金焰绣线菊、棣棠、月季、玫瑰、丰花月季、贴梗海棠、木瓜海棠、倭海棠、郁李、白鹃梅、喷雪花、山麻杆、卫矛、木槿、海滨木槿、木芙蓉、结香、醉鱼草、迎春、黄金条、牡荆、枸杞、斗球、锦带花、接骨木、金叶接骨木、红瑞木、矮生紫薇、紫叶小檗、冰生溲疏、彩叶杞柳、加拿大红叶紫荆、紫荆、紫玉兰、紫叶矮樱、珍珠梅、云实、珊瑚
藤本植物	常绿油麻藤、鸡血藤、常春藤、络石、薜荔、金银花、京红久忍冬、扶芳藤、西番莲、蔓长春花、腺萼南蛇藤、花叶蔓长春、十姐妹、藤本月季、木香、紫藤、葡萄、爬山虎、猕猴桃、凌霄、美国凌霄、羽叶茑萝
水生植物	荷花、睡莲、千屈菜、水葱、花叶水葱、芦竹、花叶芦竹、芦苇、水生鸢尾、芡实、荸荠、慈菇、灯芯草、雨久花、再力花、旱伞草、水菖蒲、菱、梭鱼草
草坪植物	结缕草、沟叶结缕草、细叶结缕草、假俭草、矮生狗牙根类（百慕达、果林草）、高羊茅、黑麦草、苇状羊茅、紫羊茅

多年生 草本植物	天竺葵、南非万寿菊、蜀葵、葱兰、红花酢浆草、白芨、萱草、非洲百子莲、大花金鸡菊、宿根天人菊、随意草、紫娇花、金光菊、紫叶千鸟花、大花美人蕉、石蒜、花叶玉簪、黄金菊、紫露草、松果菊、紫叶酢浆草、大花火炬花、虎耳草、矮生八宝景天、垂盆草、地被石竹、鸢尾、石菖蒲、金线蒲、吉祥草、大吴风草、羽绒狼尾草、细叶芒、蒲苇、紫叶鸭趾草、亚菊、银叶菊
一二年生 草花	矮牵牛、金鱼草、何氏凤仙、万寿菊、千日红、四季海棠、大花马齿苋、孔雀草、美女樱、彩叶草、长春花、百日草、鸡冠花、一串红、波斯菊、蓝花鼠尾草、甘薯、观赏辣椒、羽衣甘蓝、三色堇、雏菊、角堇、虞美人、雁来红
室内摆花植物	橡皮树、垂叶榕、南洋杉、散尾葵、软叶刺葵、蒲葵、袖珍椰子、发财树、巴西铁、龙血树、富贵竹、龟背竹、花叶万年青、广东万年青、果子蔓、鹅掌柴、幸福树、吊兰、芦荟、绿萝、朱蕉、虎尾兰、一叶兰、鹤望兰

附录四

上海高校校园绿化建设和管理导则（试行）

编制单位：上海市教育委员会

上海市绿化和市容管理局

2013 年 5 月

1. 总则

1.1 指导思想

为科学地指导上海高校校园绿化工作，提高校园生态环境建设及管理水平，创造良好的校园人文环境，根据《上海市绿化条例》以及其他法律法规，结合本市高校实际，特制定本导则。

1.2 适用范围

本导则适用于上海各高等院校以及大学园区的绿化规划、设计、建设、养护和管理。

1.3 基本原则

以人为本，因地制宜，布局合理，贯通人文，经济实用，安全舒适，低碳环保，环境育人。

1.4 总体目标

建设绿色生态文明校园

1.5 编制依据

1.5.1《城市绿化条例》（国务院第 100 号令，1992 年 5 月 20 日国务院第 104 次常务会议通过，自 1992 年 8 月 1 日起实施）

1.5.2《上海市绿化条例》（上海市第 12 届人大第 33 次会议于 2007 年 1 月 17 日通过，自 2007 年 5 月 1 日起实施）

1.5.3《上海市古树名木和古树后续资源保护条例》（上海市第 11 届人大常委会第 41 次会议于 2002 年 7 月 25 日通过，自 2002 年 10 月 1 日起实施）

1.5.4《城市绿地设计规范》（GB 50420~2007）

1.5.5《绿地设计规范》(DG/TJ08~15~2009)

1.5.6《城市绿化工程施工及验收规范》(CJJ/T82~99)

1.5.7《园林绿化工程施工质量验收规范》(DG/TJ08~701~2008)

1.5.8《园林绿化养护技术等级标准》(DG/TJ08~702~2011)

1.5.9《上海市园林栽植土质量标准》(DBJ08~231~98)

1.5.10《园林绿化植物栽植技术规程》(DG/TJ08~18~2011)

1.5.11《园林绿化植物养护技术规程》(DG/TJ08~19~2011)

1.5.12《屋顶绿化技术规范》(DB31/T493~2010)

1.5.13《古树名木及古树后续资源养护技术规程》(DB31/T682~2013)

1.5.14《上海市新建住宅环境绿化建设导则》(2005年修订版)(沪房地资配(2006)141号)

1.5.15《上海市植物铭牌设置规范》(试行)

1.5.16《上海绿化植物保护技术规程》(试行)

1.5.17 本市高校校园绿化建设除执行本导则的规定外,还应符合国家其他有关法律、法规和工程技术标准等规定。

2. 术语

2.1 基础种植 foundation planting

用灌木或花卉在建筑物或构筑物的基础周围进行绿化、美化栽植。

2.2 立体绿化 vertical greening

选用各类适宜的植物,使绿色植被覆盖地面以上的各类建筑物、构筑物及其他空间结构的表面,利用植物向空间发展的绿化方式。

2.3 植物造景 landscape plants

运用乔木、灌木、藤本及草本植物等题材,通过艺术手法,充分发挥植物的形体、线条、色彩等自然美(也包括把植物整形修剪成一定形体)来创作植物景观。

2.4 园林小品 garden pieces

园林中供休息、装饰、景观照明、展示和为园林管理及方便游人之用的小型设施。

2.5 绿地率 greening rate

单位用地范围内各类绿地的总和与单位用地的比率(%)。

2.6 绿化覆盖率 greening coverage rate

单位用地范围内,植物的垂直投影面积占该用地总面积的百分比。

2.7 地被植物 ground cover

植株低矮、枝叶密集,具有较强扩展能力,能迅速覆盖裸露平地或坡地的植物,一般高度不超过60cm。地被植物可单一种植也可混植。

2.8 绿化植物的有害生物 pest of afforest plant

指对园林绿化植物的生长、生存造成危害，影响园林绿化景观面貌的动物、植物、微生物。

2.9 土壤有机质 soil oganic substance

土壤中动植物残体、微生物体及其分解和合成的有机物质，单位：克／千克（g/kg）。

2.10 有效土层 effective soil horizon

可供植物根系能正常生长发育的土壤层。单位：厘米（cm）。

2.11 生态停车场 ecological parking lot

在露天停车场应用透气、透水性铺装材料铺设地面，并间隔栽植一定量的乔木等绿化植物，或利用棚架绿化形成绿荫覆盖，实现停车空间与园林绿化空间的有机结合。

2.12 固氮植物 nitrogen fixing plants

能与某些固氮菌建立共生关系的植物，这些固氮菌在特定条件下把氮气还原为氨作为土壤肥料。包括豆科植物以及与桤木属、杨梅属和沙棘属等非豆科植物。

3. 规划

3.1 规划原则

3.1.1 前期介入，同步规划：提倡规划、建筑、绿化三合一的同步规划，使得校园整体环境和谐统一。

3.1.2 以人为本，可持续发展：高校校园绿化环境应体现为师生服务的理念，与教学楼宇的关系相协调，营造和谐、稳定的校园景观。

3.1.3 生态优先、资源节约、因校制宜：以生态学基本理论为指导，采取高效节能措施，合理规划绿地，最大限度地利用土地资源。保留并利用好原有的植被和地形、地貌景观，同时以植物造景为主，最大限度地提高校园绿地率和绿化覆盖率。

3.1.4 突显个性、简洁整体：高校应结合实际，营造各具特色的校园景观。总体布局提倡自然、简洁、整体性强。

3.2 校园绿地规划技术经济指标

3.2.1 总体规划指标控制：按本市花园单位标准，高校绿地应占高校建设项目用地总面积的比例（绿地率）大于等于 35%，绿化覆盖率大于等于绿地率的 1.1 倍。增加可供师生活动休闲的绿地面积。高校内有条件的建筑物、构筑物应当实施立体绿化。

3.2.2 各种元素指标控制：合理控制各项技术经济指标，其中道路地坪面积占总绿地面积 15% 以下，硬质建筑小品面积占总绿地面积 5% 以下，软底水体面积一般控制在绿地总面积的 10%~20%，绿化种植面积占总绿地面积 70% 以上。

3.2.3 闲置用地的合理利用：校园内应尽可能避免抛荒闲置用地，发展备用地块内也应根据实际情况种植一定数量的绿色植物作为临时绿化，达到生态、美观、建设储备的目的。

3.3 高校校园绿地规划技术要点

3.3.1 校园规划中应注重绿化的文化内涵，充分发挥高校校园绿化的活动休憩、健身娱乐、科普教育、科技引领功能，以满足师生的不同需求。

3.3.2 校园内可根据高校特色、知名校友、纪念活动等题材建设各类主题、植物专类景点。景点内各类景观要素应配合该景点的宣传、教育等功能，同时园林设施应人性化地满足师生的各类游憩需求。

3.3.3 绿地规划平面构图曲线应注意舒缓流畅，直线应注意简洁大方，平面构图图案应注意俯视观赏的整体美观，满足高处俯视观赏效果。

3.3.4 应充分利用校园内建筑的屋顶、阳台、墙面、车棚、地下车库出入口、地下设施通风口、围墙等进行立体绿化，增加绿化覆盖率的同时，使得绿色景观更为多样化。运用藤本植物进行立体绿化时应慎用金属作为基底材质，避免因夏季温度过高对植物带来的不良影响。

3.3.5 校园绿地环境中地下、半地下建筑顶板上应根据植物生长需要设置绿地覆土层。覆土层1／3以上面积应与地下建筑以外的自然土层相连接。地下建筑顶板标高低于地面标高 1m 以上、绿化覆土厚度大于 1.5m 以上的绿地面积可纳入绿地率统计。

3.3.6 校园绿化植物规划：根据校园周围环境、绿地条件，结合景观要求，对实用功能和防护要求等予以综合考虑，并按照"适地适树"的原则进行植物配置。植物种类规划应做到多样统一，合理确定基调树种、骨干树种和一般树种。校园内植物品种应整体规划布局，不同区域、路段内的植物品种应有所变化。

3.3.7 校园植物种类选择：植物种类选择以适应上海地区生长的乡土树种为主，适当选用已经人工驯化的植物种类，强调植物景观的地域性和对环境的适应性。植物种类宜丰富多彩，体现植物材料的多样性。具体植物品种可参考附件二。

3.3.8 校园绿地中道路地坪布置：其位置距建筑的南窗 8m 以上。活动、休息场地应有 2／3 以上的面积在建筑日照阴影线范围之外，以保证活动、休息场地有充足的阳光。空旷的活动、休息场地乔木覆盖率应大于等于场地面积的 45%，以落叶乔木为主，主要道路、地坪、广场的出入口均应设置无障碍坡道。

3.3.9 校园绿地中园林小品处理：应注意体量与绿地环境空间协调，景观与使用功能相结合，以体现建筑小品实用、装饰、点缀的要求。

3.3.10 校园内原有植物树木资源应予以积极保护和利用。原有古树名木及后续资源应纳入校园绿化的整体规划。

3.3.11 提倡高校将学科实验、科研成果等与校园绿化工作相结合。

4. 设计

4.1 地形设计

4.1.1 校园绿地中的地形设计：应结合原有自然地形，创造微地形的高低变化，有利绿地排水和植物生长。

4.1.2 校园绿地中的坡地：起伏变化应注意整体性，忌局部小范围的局促变化。坡地的坡度一般应北陡南缓，忌北缓南陡或坡度均匀对称。

4.1.3 校园绿地中的水体设计：提倡自然软底为主，保持水质清洁。设计水体的深度时应结合功能并注意安全，硬底人工水体的近岸 2.0m 范围内的水深不得大于 0.7m，达不到此要求的应设护栏或其他明显的警示标识。水体的驳岸应因地制宜，结合岸边绿化自然布置，宜采用植被或天然石块等驳岸材料为主。

4.1.4 校园绿地中的山石设计：提倡以自然置石的土包石为主，可结合地形采用卧石与立石的有机结合，慎用人工假山。

4.2 种植设计

4.2.1 树种选择：宜选用体现地域性植被景观的乡土树种以及各类驯化树种。宜采用观赏植物为主，同时兼顾保健植物、鸟嗜植物、香源植物、蜜源植物、固氮植物等。

4.2.2 植物配置：合理控制速生与慢生、常绿与落叶树种以及乔、灌、草的比例。科学配置植物群落结构，运用多种树种，摒弃植物"大色块"的结构形式。平面上创造优美流畅的林缘线，立面上高低错落，结合地形创造起伏变化的林冠线。

4.2.3 植物的季相变化：种植设计时应考虑到各类植物的季相变化，尤其应注意各季开花乔、灌木的运用。

4.2.4 校园绿地中，应在建筑不同朝向布置合适的绿地宽度，以满足防护、美化和基础种植的需要。乔木栽植点与各类有窗建筑应保持合适的距离，一般控制为：东面 5m 以上、南面 8m 以上、西面 4m 以上、北面 5m 以上。东面、西面视建筑具体情况也可适当缩小距离。

4.2.5 建筑的基础绿化应根据建筑的不同朝向和使用性质进行布置。建筑南面种植应选择喜阳、耐旱，花、叶、果、姿优美的乔灌木，能保证建筑的通风采光要求并创造自然优美的植物景观。建筑北面应布置防护性绿带，选择耐荫、抗寒的花灌木。建筑的西面、东面应充分考虑夏季防晒和冬季防风的要求，选择抗风、耐寒、抗逆性强的常绿乔灌木。

4.2.6 乔灌木栽植位置距各种市政地下管线水平净距离应保持在 1.5m 以上。测算距离时乔木以树干基部为准，灌木以地表分蘖枝干中最外的枝干基部为准。

4.2.7 绿地中的树木应选择适宜的规格并确保其质量，严格控制种植超大规格乔木，提倡采用青壮树龄苗木。不宜采用无树冠、无骨架乔木。

4.3 道路地坪设计

4.3.1 绿地中道路宽度：需根据校园绿地面积和日常师生人流数量等因素综合考虑。

4.3.2 绿地中以活动、休憩为主的地坪：宜采用大树地坪的布置形式，以种植落叶乔木为主，分枝点的高度一般应大于 2.2m，乔木种植穴的内径在 1.5m * 1.5m 以上。

4.3.3 绿地中道路地坪应平整耐磨，且有适宜的粗糙度。一般采用透水、透气性铺装，特别是栽植树木的地坪必须采用透水、透气性铺装，有利于植物的透气和地下水的补充。

4.3.4 校园道路两侧宜栽植以落叶乔木为主的行道树，行道树应选用冠大荫浓，树干通直，易于养护的树种。种植形式可为规则种植，也可为不等距自然种植。

4.3.5 道路转弯处半径 15m 内应保证视线通透，转弯处灌木高度应在 0.6m 以下，其枝叶不应伸入至路面空间内。

4.3.6 提倡"生态停车场"的建设理念。种植庇荫乔木可选用行道树种，树木枝下高度应保持在 3m 以上，种植穴内径应在 1.5m * 1.5m 以上。种植穴的挡土墙应高于 0.2m，并选择耐冲撞的材料和结构，并设置相应的保护措施。在不影响车辆承重的前提下，地面铺装提倡采用绿色植物结合承重格。地面停车场周边无法种植庇荫乔木的，可结合棚架种植攀援植物，以增加一定的庇荫空间。

4.3.7 一般建筑北墙、西墙以及围墙、栏杆等应当配置垂直绿化，建筑屋顶应根据承重条件的不同，合理设置花园式、草坪式或组合式等不同类型的屋顶绿化。

4.4 园林小品设计

4.4.1 绿地中园林小品造型：应简洁大方，尺度宜人，与周边建筑环境相互协调。慎用尖锐棱角等可能产生安全隐患的造型。放置在校园中心区域的园林小品应避免影响校园的交通顺畅。

4.4.2 绿地中建筑小品的用材：宜充分利用本地自然材料和节能、环保的 3R 材料。

4.4.3 绿地中园林小品的形式与体量：绿地中亭、花架、长廊等应结构牢固，体量得体，并结合休息座椅的设置。

4.4.4 绿地中设置的雕塑：主题需与校园文化、人文环境相吻合；雕塑的位置、材料、尺度、色彩的选择应与周边环境相协调。

4.4.5 绿地中的喷水池：要注意水体流动、循环和安全，利于保持水质的清洁。提倡聚留雨水和利用中水。具体养护标准可参考 6.2.1。

4.4.6 绿地中照明设施：应根据实际情况设置照明设施确保安全，射灯宜采用冷光灯。不宜将景观灯设置在树干、树冠上。

4.4.7 绿地中标识牌、废物箱、音响等配套设施：其造型、体量、数量宜与建筑环境、人流量相协调。

5. 施工

5.1 施工前期准备

5.1.1 熟悉设计：了解掌握工程的相关资料，熟悉设计的指导思想、设计意图、设计的质量要求、设计的技术交底等。

5.1.2 现场勘察：组织有关施工人员到现场勘察，主要内容包括：现场周围环境、施工条件、电源、水源、土源、道路交通、堆料场地、生活设施位置以及市政、电讯应配合的部门和定点放线的依据。

5.1.3 制定施工方案：针对本工程项目制定施工方案，施工方案应包括以下内容：工程概况、施工方法、施工程序、进度计划、施工组织、安全措施、技术规范、质量标准、施工现场平面布置图等。

5.1.4 编制施工预算：根据设计概算、工程定额和现场施工条件、采取的施工方法等综合因素编制。

5.1.5 重点材料准备：特殊需要的苗木、材料，事先了解来源、质量、价格和供应情况。

5.1.6 相关资料准备：事先与市政、电讯、公用、交通等有关单位协调联系，并依法办理相关手续。

5.1.7 凡列为工程的栽植工作应将设计图与现场核对平面及标高，如有不符时，应由设计单位作变更设计。

5.1.8 原绿地中植物抽稀时，应按设计远期效果进行。

5.1.9 原树穴中补植如发现有苗木距离地下管道不符合 4.2.6 规定时，应另定地位，经批准后方能栽植。

5.2 栽植材料的质量要求

5.2.1 乔木、灌木：应具有发达根系、生长苗壮、无检疫性病虫害及草害，并符合设计要求的规格。

5.2.2 草种、花种：每种草种、花种应注明品种、产地、生产者、采收年份、品种质量、播种质量及发芽率。不用混有病虫害的种籽播种。

5.2.3 草坪：铺草用草块，以每边长 33cm 为宜，大小相仿，边缘平直，厚度不小于 2cm，杂草不得超过 5%，铺草用的草根茎要纯，杂草不得超过 2%，无病虫害。

5.2.4 花苗：应苗壮，发育匀齐，根系良好，无机械损伤和病虫害。一二年生花卉的花苗，必须是籽出后经过移植的苗壮苗，茎高应视品种有异，叶簇苗壮，根系发育良好，凡有分蘖者必须有三四个分叉。宿根花卉，根系必须发育良好，并有三至四个芽。块茎和球根花卉，须苗壮、完整，在块茎上部至少应有两个幼芽。观叶用的材料必须是移植苗，叶色鲜艳、叶簇丰满。

5.3 土壤要求

5.3.1 栽植和播种前应根据土层有效厚度，土壤质地，酸碱度和盐分，采取相应的消毒，施肥和改换土壤等措施。

5.3.2 含有建筑垃圾的土壤、盐碱土、重粘土、砂土及含有其他有害成份的土壤均应根据设计规定全部地或部份地用种植土加以更换。

5.3.3 种植草坪及花卉土层应当翻土，翻土深度不得小于 20cm；种植多年生草本或木本花卉翻土深度不得小于 30cm。翻土同时清除土壤中的混杂物，如杂草根、碎砖、石块、玻璃等。在布置夏季花卉和地被植物时，土壤中如有混杂物，应将翻地深度内的土过筛。翻土后。应施腐熟基肥，每平方米 1.0~1.5kg。土面必须平整，排水良好。

5.4 乔木灌木的坑槽规定

5.4.1 树坑的直径（或正方形树穴的边）应较根系或土球直径大 40cm。

5.4.2 树坑的深度应与根系或土球直径相等。

5.4.3 乔木坑槽的有效土层至少为 1.0m，灌木 0.8m。

5.4.4 坑槽内土质不符合栽植要求的需更换。坑槽内土质符合栽植要求的，在土球（或主根端）以下的土，只需翻松，不必取出。

5.4.5 坑槽必须垂直下掘，上下口径相等。

5.5 栽植

5.5.1 栽植季节：落叶乔木和灌木挖掘和栽植应在春季解冻以后，发芽以前，或在秋季落叶后冰冻以前进行；常绿乔灌木挖掘和栽植，应在春季土壤解冻后，发芽以前进行，或在秋季新梢停止生长后，降霜以前进行。校园内综合工程中的栽植工作，应在主体工程、地下管线及道路工程等完成后进行。综合工程的主体工程如在非栽植季节完工，栽植工作应在随后的第一个栽植季节内进行。

5.5.2 乔灌木的挖掘：

一般常绿苗木挖掘都应带土球。落叶苗木休眠期可裸根挖掘；非休眠期或大规格落叶苗木挖掘也需带土球。裸根苗木根系直径及带土球苗木土球直径及深度规定如下：

（1）苗木地径 3 ~ 4cm，根系或土球直径取 45cm。

（2）苗木地径大于 4cm，地径每增加 1cm，根系或土球直径增加 5cm。

（3）苗木地径大于 19cm 时，以地径的 2π 倍（约 6.3 倍）为根系或土球的直径。

（4）无主干树木的根系或土球直径取根丛的 1.5 倍。

（5）根系或土球的纵向深度取直径的 70%。

挖掘裸根苗木，需采用锐利的铁锹进行，直径 3cm 以上的主根，需用锯锯断，小根可用剪枝剪剪断，不得用锄劈断或强力拉断；挖掘带土球树木时，应用锐利的铁锹，不得掘碎土球，铲除土球上部的表土及下部的底土时，必须换扎腰箍。土球需包扎结实，包扎方法应根据树种、规格、土壤紧密度、运距等具体条件而定，土球底部直径应不大于直径的 1/3。

5.5.3 苗木运输前的修剪：可在苗木挖掘前或挖掘后进行；修剪强度应根据树木生物学特性，不损坏特有姿态为准；在秋季挖掘落叶树木时，必须摘掉尚未脱落的树叶，但不得伤害幼芽。

5.5.4 苗木的装运：必须轻吊、轻放、不可拉拖；提运带土球苗木时，绳束应扎在土球下端，不可结在主干基部，更不得结在主干上；运输裸根植物，须保持根部湿润；装运时应合理搭配，不超高、不超宽、必须符合交通规定，不得损伤苗木、不得破碎土球；苗木运到栽植地点后，应及时定植，否则对裸根苗木要进行假植或培土，对带土球苗木应保护土球。苗木在栽植前需加以检查，如在运输中有损伤的树枝和树根，必须加以修剪，大的修剪口应作防腐处理。

5.5.5 苗木栽植的定向和深度：苗木定向应选丰满完整的面，朝向主要视线，孤植苗木应冠幅完整；苗木栽植深度应保证在土壤下沉后，根颈（苗木主干和根系的交点）和地表面等高。

5.5.6 带土球树木的栽植：在坑槽内用种植土填至放土球底面的高度，将土球放置在填土面上，定向后方可打开土球包装物，取出包装物，（如土球的土质松软，土球底部的包装物可不取出），然后从坑槽边缘向土球四周培土，分层捣实，培土高度到土球深度的2/3时，作围堰、浇足水、水分渗透后整平，如泥土下沉，应在三天内补填种植土，再浇水整平。

5.5.7 裸根苗木的栽植，按根群情况先在坑槽内填适当厚度的种植土，将根群舒展在坑槽内，周围均匀培土，并将树干梢向上提动或左右移动，扶正后边培土，边分层捣实，然后沿苗木坑槽外缘作围堰，并浇水，以水分不再向下渗透为度。

5.5.8 苗木自挖掘至栽植后整个过程中，若遇高气温时，应适当疏稀枝叶，及时喷雾或搭棚遮荫保持树木湿润，天寒风大时，应采取防风保温措施。

5.5.9 支撑：乔木、大灌木栽植后均应支撑；支撑可用十字支撑、扁担支撑、三角支撑或单柱支撑；成排树木或栽植较近的树木，可用绳索相互连接，在二端或中间适当地位设置支撑柱；因受坑槽限制胸径在12cm以下树木，尤其是行道树，可用单柱支撑。支柱长3.5m，于栽植前埋深1.1m(从地面起)，支柱应设在盛行风向的一面。支柱中心和树木中心距离为35cm左右；支柱要牢固，树木绑扎处应夹垫软质物，绑扎后树干必须保持正直。

5.5.10 非栽植季节栽植，应采取相应的技术措施：最大程度的强修剪应至少保留树冠的1／3；凡可摘叶的应摘去部分树叶，但不可伤害幼芽；夏季要搭棚遮荫、喷雾、浇水。保持二、三级分叉以下的树干湿润，冬季要防寒；

5.5.11 假山或岩石缝隙间栽植，应在种植土中渗入苔鲜、泥炭等保湿透气材料。

5.5.12 藤本、攀缘植物栽植后应根据植物生长的需要进行绑扎或牵引，方法为先把枝蔓固定或缠绕在支撑物上，再用细绳索呈"8"字形结扎。支撑植物用的竹竿、网架、棚架和墙上的固结物等，应根据植物的特点（缠绕的、攀缘的、要支柱的和爬墙的）而设置。

5.5.13 苗木栽植应做好记录，作为验收资料，内容包括：栽植时间、土壤特性、气象情况、栽植材料的质量、环境条件、种植位置、栽植后植物生长情况、采取措施以及栽植人工和栽植单位与栽植者的姓名等。

5.6 草坪、花卉栽植

5.6.1 草坪栽植分籽播、植生带铺设和草块移植三种。

5.6.2 栽植时间：暖地型草种铺设时间为春和初夏，尤以梅雨季更宜；冷地型草种为春、秋季，而以秋季为好；草块移植除炎夏及寒冬均可铺设。

5.6.3 籽播植生带铺设或草块移植前，栽植土面必须除去杂草根、茎，并经过仔细平整，做好床坪，土层厚度应小于20cm。

5.6.4 籽播草坪在播籽后，植生带在铺设后，应覆土0.5～1cm或耙土、并镇压、浇水。在草出土前，必须保持湿润以后可视天气条件进行浇水。

5.6.5 草块移植有密铺、间铺及散铺等形式。要求迅速见效的应密铺，间铺或散铺可视草块供

应数量决定。间铺时草块间的间隙须均匀，并填以疏松土。散铺时可把草块撕碎，散播在

栽植土上，覆 1 ~ 2cm 良质疏松土，草块铺设后应充分加水、滚压，在新根扎实前，不可践踏。

5.6.6 花卉必须有肥沃疏松的种植土、一二年生草本花卉种植土厚度不小于 20cm，多年生花卉不小于 30cm，均需施腐熟基肥。

5.6.7 播种花卉的种植地面，应排水良好，播种应均匀，播后即覆土，厚度为种子直径的 1 ~ 2.5 倍，并应立即浇水。

5.6.8 在花苗运到种植地后，应保持其湿润状态，移植花苗应在早晨、傍晚或阴天进行。

5.6.9 花苗种植深度应以原生长在温床、箱内或盆内的深度为准。栽植时不得揉搓和折曲花苗根部。

5.6.10 在花苗栽植后的 4~5 天内，应每天早晨或傍晚细水缓流在根际浇水，土壤不得沾污植株。在第二、三次浇水后，花坛上应盖以厚 2~3cm 的过筛腐殖细土。

5.7 验收

5.7.1 每批运到施工地点的栽植植物，均应在栽植前由施工人员验收。

5.7.2 下列各项工序应进行中间验收，并做好验收记录。

（1）栽植植物的定点、放线应在坑槽挖掘以前。

（2）栽植乔、灌木的坑槽应在树苗移植以前。

（3）更换种植土和施基肥应在坑槽挖掘后与植物栽植以前。

（4）草坪和花卉的整地工程应在播种与花苗或块茎、球根栽植以前。

5.7.3 工程竣工验收时，施工单位需提供下列文件：中间验收记录、施工图及修改补充说明、决算和竣工图。

5.7.4 竣工验收日期：

（1）春季栽植的乔、灌木和藤本、攀缘植物及多年生花卉，应在栽植的当年 9 月份进行。

（2）秋季和冬季栽植的乔、灌木，应在栽植后的第二年 9 月进行。

（3）籽播草坪或植生带铺设的草坪应在种籽大批发芽后进行。

（4）草块移植的草坪应在草块成活后进行。

（5）一年生或宿根植物的花坛应在栽植后 10 ~ 15 天，成活后进行。

（6）春季栽植的二年生植物、多年生植物和露地栽植的球根类植物，应在当年发芽后进行，而秋季栽植的，应在第二年春季发芽后进行。

5.7.5 竣工验收后，必须填制竣工验收单。栽植工程所有文件，包括设计、施工、验收的各项记录应整理存档。

5.8 安全文明施工

5.8.1 高校绿化工程必须安全文明施工，开工前高校应要求施工单位上报安全文明施工管理方案，参与建设各方应安装上海市建设工程施工安全监督管理办法执行。

5.8.2 高校需与施工单位需签订安全文明施工协议书，明确各方安全责任。

5.8.3 施工中须严格控制噪音、粉尘等对校园正常活动的影响。

5.8.4 施工区域宜设立明显的指示牌引导交通，减少安全隐患。

6. 养护

6.1 养护目标：保证校园绿化景观持续体现设计意图；确保校园绿地内各类植物的长势健康；减少校园绿化对周边环境的负面影响；合理控制养护预算，实行分级养护的技术措施。

6.2 园林植物景观养护管理技术措施及要求

6.2.1 修剪

（1）乔木主要修除徒长枝、病虫枝、交叉枝、并生枝、下垂枝、扭伤枝及枯枝和烂头。主轴明显的乔木，修剪时应注意保护中央领导枝，及时去除萌蘖枝。

（2）灌木的修剪应遵循"先上后下，先内后外，去弱留强，去老留新"的原则进行。修剪应顺应自然的树木冠形，花灌木应以修剪促进开花为原则，根据不同种类合理掌握修剪时机与修剪量。

（3）整形灌木的修剪应使原造型轮廓清楚、线条整齐，顶面、侧面平整柔和。每年修剪不少于2次。

（4）宿根地被萌芽前应剪除上年残留枯枝、枯叶，同时及时剪除多余萌蘖，花谢后应及时剪除残花、残枝和枯叶。

（5）草本花卉花后要及时剪除枯萎的花蒂和黄叶及残枝。

（6）草坪的修剪应适时进行，修剪要平整，使草的高度一致。边角无遗漏，路边和树根边的草要修剪整齐。

（7）竹类的间伐修剪宜在晚秋或冬季进行。间伐宜保留四五年生以下的新竹。

（8）行道树的修剪主干高度控制在3.2m，树冠圆整，分枝均衡，树冠与架空线、庭院灯、变压设备保持足够的安全距离。

（9）吸附攀援类藤本，应在生长季剪去未能吸附墙体而下垂的枝条；依附于棚架的藤本，落叶后应疏剪过密枝条，清除枯死枝，成年和老年藤本应常疏枝，并适当进行回缩修剪。

6.2.2 灌溉

（1）灌溉前应先松土，夏季灌溉宜早、晚进行，冬季灌溉宜在中午进行。灌溉要一次浇透，尤其是春、夏季节。

（2）用水车浇灌树木时，应接软管，进行缓流浇灌，保证一次浇足浇透。严禁用高压水流直接冲刷土壤。

（3）如使用再生水浇灌时，水质必须符合园林植物灌溉水质要求。

（4）灌水堰一般应开在树冠垂直投影范围，不要开得太深，以免伤根。堰壁培土要结实，以免被水冲塌，堰底地面平坦，保证渗水均匀。

（5）盆栽植物与草花应进行重点灌溉

6.2.3 排水

（1）在绿地和树坛地势低洼处，平时要防止积水，雨季要做好防涝工作。

（2）在雨季可采用开沟、埋管、打孔等排水措施及时对绿地和树坛排水，防止植物因涝而死。

（3）绿地和树坛内连续积水不得超过 24 小时。

6.2.4 中耕除草

（1）乔木、灌木下的大型杂草必须铲除，对可能严重危害树木的各类侵入性杂草应当及时清除；一般杂草以不影响观赏为度。

（2）树木根部附近的土壤要保持疏松，易板结的土壤，在蒸腾旺季每月松土一次。

（3）中耕除草应选在晴朗或初晴天气，土壤不过分潮湿的时候进行，中耕深度以不影响根系生长为限。

（4）校园内景观要求较高的区域为确保观赏效果，杂草宜进行手工拔除，一般区域内可进行机械割除。

6.2.5 施肥

（1）树木休眠期和栽植前，需施基肥，树木生长期施追肥。

（2）施肥量应根据树种、树龄、生长期和肥源以及土壤理化性状等条件而定，树木青壮年期及观花观果植物，应适当增加施肥量。

（3）施肥的种类因树种、生长期及观赏等不同要求而定，早期预扩大冠幅，宜施氮肥，观花、观果树种应增施磷、钾肥，逐步推广应用复合肥料。

（4）施肥应以施腐熟的有机肥为主，施肥宜在晴天进行，除根外施肥外，一般肥料不得触及树叶。

6.2.6 更新调整

（1）校园绿地中，视园林植物的生长状况逐年及时做好更新调整。

（2）主要景点的乔灌木应保证有一定的生长空间，一旦过密应适时抽稀，大规格的苗木调整移植应按规范办理报批手续。

（3）对绿地中枯朽、衰老、严重倾斜，对人和物体构成危险的，供电、市政工程影响的植物应作适当更新调整。

（4）更新调整时，对周围的其他树木要做好保护防护措施。

6.2.7 古树名木：散生在高校管辖范围内的古树名木及古树后续资源，由所在高校严格按照《古树名木及古树后续资源养护技术规程》保护管理。

6.2.8 有害生物控制

（1）贯彻"预防为主，综合治理"的防治方针，充分利用园林间植被的多样化来保护和增殖天敌，抑制病虫危害。

（2）做好园林植物病虫害的预测、预防工作，制定长期和短期的防治计划。

（3）及时清理带病虫的落叶、杂草等，消灭病源、虫源，防治病虫扩散、蔓延。

（4）严禁使用剧毒化学药剂和有机氯、有机汞等化学农药，化学农药应按有关操作规定执行。

6.2.9 极端灾害性天气的应急措施（防寒、防暑、防台风）

（1）加强肥水管理，在冬季土壤易冻结的地区寒潮来临前应灌足"灌冻水"，形成冻土层，以维持根部一定低温的恒定。

（2）合理安排修剪时期和修剪量，使树木枝条充分木质化，提高抗寒能力。

（3）对不耐寒的树种和树势较弱的植株应分别采取不同的防寒保护措施，如树干包裹等。

（4）对于新栽植的大型乔木应在天热时采用必要的防护措施，如搭建遮阳棚、叶面喷水等。

（5）台风季节前，应做好行道树以及浅根性树种的防风修剪及加固。

6.3 园林水体景观养护管理技术措施及要求

6.3.1 硬底水景水体的保洁

（1）定期经常清洁池内水体，包括清除水中垃圾等杂物及更换干净水，减少水中泥沙、污物对设备的损害。

（2）除特殊天气外每天至少开放一次喷（涌）泉，每次至少持续半小时以上，保持管道、喷头不被堵塞。

6.3.2 软底水景水体的保洁

（1）严格控制污染源流入水体从而污染水面，及时清除水中垃圾等杂物。

（2）有条件的水面增设喷泉、涌泉装置，形成水体的流动和循环，产生曝气富氧，可大大增加水体中溶解氧的浓度，从而保持水体生态系统的良性循环。

（3）在水体中搭配种植抗污水生植物，通过生物净化的方法减少水体中的有机污染物。

（4）在自然条件较好的地方，可引入昆虫、鸟类、鱼类等动物，辅助净化水体，丰富校园景观，还原水体周边的生物多样性。

6.4 园林硬质景观养护管理技术措施及要求

6.4.1 保洁

（1）及时清除道路地坪中的垃圾及废物，并保持道路地坪无积水。

（2）定期清洁园林建筑及构筑物外观的污垢并及时消除园林建筑及构筑物室内的垃圾和废物。

（3）及时清除园椅、桌凳、标识牌、雕塑、娱乐健身设施等园林配套设施外观的污物和灰尘。

6.4.2 整新

（1）对铸铁构件，每年一次油漆保新，油漆前铲除锈渍，并刷上防锈底漆，再刷面漆。

（2）对涂料墙面，每二年整新涂刷，保持硬质景观常用常新。

（3）对木结构，不定期进行防腐保护处理，可结合木结构的面层处理，采用防腐剂、桐油、油漆。

6.4.3 疏通

（1）对下水道的明沟、盲沟、窨井等设施及时疏浚淤泥与沉淀垃圾以保持排水畅通。

（2）经常保持消防通道和其他应急通道畅通，以应付突发事件的发生。

6.4.4 维修

（1）及时检查修复园林建筑、构筑物、园椅、桌凳、标识牌、雕塑、娱乐健身设施等破损结构或装饰，消除安全隐患。

（2）对道路地坪地砖的残块，高低不平整应及时修复和平整。

6.5 园林土壤改良技术措施及要求

6.5.1 换土

（1）土壤内瓦砾含量较多，可将大瓦砾拣出，并加一定量的土壤。

（2）土壤质地过黏、透气、排水不良的可加入砾土，并多施厩肥、堆肥等有机肥。

（3）土壤中含沥青物质太多，则应全部更换成适合植物生长的土壤。

6.5.2 透气

（1）设置围栏等防护措施，如栏杆、篱笆、绿篱等，避免人踩车轧而使土壤板结，透气性差。

（2）改善树穴环境，采用渗水透气结构的铺装，有利于土壤透气和降水下渗，以增加土壤水分储量。

（3）行道树树穴覆盖，可采用在树穴内铺垫一层坚果硬壳，或卵石、石砾，不仅能承受人踩的压力，还可保温、通气、保护土壤表层免受冲刷。日常养护中应注意保持覆盖物的匀铺，避免不平整或空秃。

6.5.3 熟化：将植物残落物重新还给土壤，通过微生物的分解作用，腐殖熟化土壤，不仅增加了土壤中养分，还改善土壤的物理性状。

6.5.4 排水：遇土壤过于粘重而易积水的土层，可挖窨井或盲沟，窨井内填充砾石或粗砂。盲沟靠近树干的一头，以接到松土层又不伤害主根为准，另一头与暗井或附近的透水层接通，沟心填进卵石、砖块，四周填上粗砂、碎石等。

7. 监督管理

7.1 绿化、美化、净化校园是高校精神文明建设的重要组成部分。师生员工应爱绿护绿，自觉参与校园绿化活动。

7.2 高校负责组织、推动本单位全民义务植树运动和群众性绿化工作，积极开展认建认养活动并落实全民义务植树登记制度。

7.3 校园绿化管理机构由高校分管领导、绿化部门负责人、绿化管理员等组成；高校应建立校园绿化管理网络，划分养护管理责任区域，明确管理责任；绿化管理员为校园绿化养护管理的具体责任人。

7.4 单位和个人都有享受良好绿化环境的权利，有保护绿化和绿化设施的义务，对各种破坏绿化的行为，有权进行劝阻、投诉和举报。对绿化工作做出显著成绩的单位和个人，绿化及教育行政主管部门将予以表彰和奖励。

7.5 高校应建立健全校园绿化档案,对各项绿化工程及养护资料妥善保管,并逐步建立电子档案,适时更新。

7.6 高校应建立校园绿化管理制度,开展宣传教育活动,设置植物铭牌,普及绿化知识。

7.6.1 高校应充分运用各种载体,开展形式多样、内容丰富的绿化宣传活动,引导师生积极参与校园绿化建设,提倡在校生及校友栽植纪念树,不断增强师生建绿、爱绿、护绿的意识。

7.6.2 绿化施工和养护作业应当由具备专业资质和能力认定的企业或人员操作。

7.7 高校应根据校园内不同区域的功能与类型,按照绿化分类分级的管理要求,设定养护管理考核标准,实行定期巡查制度,及时有效处理绿化问题。

7.8 校园绿地中可能会对师生构成安全隐患的,如假山、水体等,必须设置安全警示标志及防护设施。

7.9 校园内的绿地和树木必须严格管理和保护,因基建等原因确需占用绿地、迁移或砍伐树木的,须依照相关规定报单位所辖绿化主管部门审批。

7.10 禁止下列损坏绿化和绿化设施的行为:未经报批,擅自改变绿地用途;偷盗、践踏、损毁树木花草;其他损坏绿化和绿化设施的行为。

8. 经费

8.1. 建设经费的使用与管理

8.1.1 新建高校应按设计要求落实绿化建设经费。

8.1.2 改扩建高校应根据绿化改造计划安排经费。

8.1.3 绿化建设经费专款专用,任何单位和部门不得挪用。

8.2. 养护经费的使用与管理

参照《上海市绿地养护概算定额（2010）》暨《上海市绿地养护年度经费定额》结合相关部门颁发的规定以及实际情况,高校绿化管理部门根据上一年度绿化养护考评情况,拨付养护经费。

8.3 古树名木经费的管理和使用

古树名木及古树后续资源的养护管理费用由所在高校承担。抢救、复壮古树名木的费用,由市、区园林绿化行政主管部门给予适当补贴。

8.4 上海市教育委员会对高校绿化经费有监督、检查权。

9. 附则

9.1 上海高校校园绿化是指在上海高等院校校园内（含校门口及其周边的高校管理区域）的绿化规划、设计、建设、养护和管理等工作。

9.2 上海市教育委员会是上海高等院校校园绿化工作的管理机构;各高校负责本单位的绿化工

作，按照本导则组织实施。

9.3 市、区（县）绿化管理部门对高校绿化工作进行行业管理和指导。

9.4 本导则由上海市教育委员会、上海市绿化和市容管理局负责解释。如国家、地方的法律法规另有规定的，则以相关法律法规为准。

图书在版编目（CIP）数据

上海校园绿化养护技术规程 / 成冠润主编 . -- 上海：东华大学出版社，2016.4

ISBN 978-7-5669-1033-2

Ⅰ . ①上… Ⅱ . ①成… Ⅲ . ①校园－绿化－技术规程－上海市 Ⅳ . ① S731.9-65

中国版本图书馆 CIP 数据核字（2016）第 066113 号

责任编辑：赵春园
装帧设计：薛小博

上海校园绿化养护技术规程

名誉主任：张世民

顾　　问：杨奇伟　王立慷

名誉副主任：沈永明　南少华　周　承　沙德银　陈　辉

主　　编：成冠润

副 主 编：唐维克　佘培勤　马　骏　李明杰

编委会成员：王　磊　王国华　王泉生　王黎辉　张　伟　张　明　吴小龙　沈益明
吴晴雷　陈　澄　陈国良　林建坤　陆继芳　杨海清　范赛亚　胡　杰
赵志勇　姚丽萍　钟家春　高永煜　倪宏平　顾勤芳　倪恒韡　袁敏捷
詹尹敏　谭　梅　（按姓氏笔画排序）

出版发行：东华大学出版社
（地址：上海延安西路 1882 号 邮编：200051）

印　　刷：苏州望电印刷有限公司

开　　本：787mm × 1092mm　1/16　8.5 印张　字数：212千字

版　　次：2016 年 4 月第 1 版

印　　次：2016 年 4 月第 1 次印刷

书　　号：ISBN 978-7-5669-1033-2 / S · 002

定　　价：48.00 元